Excel 2019高级进阶——SQL应用

肖鹏 著

化学工业出版社

·北京·

内容提要

本书基于 Microsoft Office 2019 专业版，通过翔实的案例讲解 SQL 的基础、SQL 在 Excel 2019 的运行环境、数据查询语句、数据操作语句、运算符的使用、函数的使用、数据分组与聚集函数的使用、高级查询以及 SQL 与数据透视表等内容。

本书通过翔实的理论知识讲解和大量的经典案例分析，比较完整地再现了 SQL 在 Excel 中的应用场景，使读者在没有或者只有较少 SQL 使用经验的情况下仍然可以在 Excel 环境中运用 SQL，提高工作效率。

本书适用于所有使用办公软件制表的读者，特别是经常使用 Excel 制作数据报表的人士，可以借此大幅提高办公效率。

图书在版编目（CIP）数据

Excel 2019 高级进阶：SQL 应用 / 肖鹏著. —北京：化学工业出版社，2020.11（2021.11重印）

ISBN 978-7-122-37592-6

Ⅰ. ①E… Ⅱ. ①肖… Ⅲ. ①表处理软件 Ⅳ. ①TP391.13

中国版本图书馆 CIP 数据核字（2020）第 158779 号

责任编辑：张兴辉　毛振威　　　　装帧设计：韩　飞

责任校对：赵懿桐

出版发行：化学工业出版社（北京市东城区青年湖南街 13 号　邮政编码 100011）

印　　装：涿州市般润文化传播有限公司

710mm×1000mm　1/16　印张 11½　字数 191 千字　2021 年 11 月北京第 1 版第 3 次印刷

购书咨询：010-64518888　　　　售后服务：010-64518899

网　　址：http: // www. cip. com. cn

凡购买本书，如有缺损质量问题，本社销售中心负责调换。

定　　价：59.80 元

前言

Excel是微软公司Office办公软件家族中的重要一员，由于其友好的操作界面和强大的功能，目前已成为最流行的个人计算机数据处理软件。从1987年第一款适用于Windows系统的Excel问世，到Excel 2019的发布，Excel已经广泛地应用于企事业管理、数据统计、财务金融等多个领域，俨然成为制表软件中的霸主。

但是，使用Excel的人很多，用好Excel的人却很少。长期使用Excel的用户会发现，Excel不仅仅是一个试算表或是办公软件，其提供的使用SQL的环境可以更加灵活地对数据进行整理、汇总、计算、查询、分析，尤其在面对多个工作表、复杂数据源的时候，使用SQL能够在Excel既有的功能之上发挥更大的数据处理能力，快速提高使用者的办公效率。

本着“学用结合”的原则，本书在编写过程中，一方面详细讲解理论知识，另一方面深入分析经典案例，并对一些知识点进行了适当的扩充，帮助读者由浅入深地认识SQL，逐步提高在Excel中使用SQL的操作能力。

如果读者没有接触过SQL，可以参照本书的案例，逐渐适应SQL的应用场景；如果读者对SQL已经有一定的了解，则可以通过本书掌握更多的操作技巧和数据分析思路，全面提高数据处理的能力。

本书一共9章，主要内容如下。

第1章主要讲解SQL的由来、特点、基本概念和基本语句，帮助读者初步认识SQL。

第2章主要讲解SQL在Excel 2019中的运行环境。

第3章主要讲解SQL的核心语句SELECT的基本用法，包括如何在

Excel 中使用 SELECT 查询一列数据、多列数据、去掉数据重复项以及对查询结果排序。

第 4 章主要讲解如何在 Excel 中使用 SQL 进行数据操作，包括 INSERT 语句、UPDATE 语句以及 DELETE 语句。

第 5 章主要讲解 WHERE 子句的语法，以及与 WHERE 子句搭配使用的比较运算符、逻辑运算符、连接运算符以及算术运算符的用法。

第 6 章主要讲解如何在 Excel 中使用 SQL 自带的常用函数，这些函数包括字符串函数、日期和时间函数、数学函数以及其他函数等。

第 7 章主要讲解聚集函数和数据分组的使用方法。聚集函数主要包括 SUM、COUNT、MAX、MIN 和 AVG 函数。数据分组主要讲解 GROUP BY 子句和 HAVING 短语的使用。

第 8 章主要讲解 SQL 的高级查询，包括连接查询和嵌套查询。

第 9 章主要讲解数据透视表的基本操作以及使用 SQL 来创建数据透视表的方法。

书中的每个案例都配有完整的 SQL 语句，需要注意的是，所有 SQL 语句中的标点符号、方括号和圆括号，以及一些特殊字符，均是在半角状态下输入的。同时，为了方便阅读，对执行后的结果做了一些基本的排版，比如为表格加上边框、去掉了数据筛选等。

虽然作者在写作的过程中倾注了大量心血，但百密之中恐有疏漏，恳请广大读者批评指正。

肖　鹏

扫码下载实例素材

目录

第1章 SQL概述

SQL是结构化查询语言（Structured Query Language，SQL）的简称，是一种通用的、功能极强的关系数据库语言。Excel 和其他关系型数据库管理系统（RDBMS）类似，都是以关系（即二维表）的形式存储数据的。因此，可以在 Excel 中使用 SQL 语句，让数据处理变得更加高效和简洁。本章主要通过介绍 SQL 的基本概念和基本语句，让读者初步认识 SQL。

1.1 SQL的由来

1970年，IBM公司的英国计算机专家埃德加·科德（E. F. Codd）在美国计算机学会会刊 *Communications of the ACM* 上发表了论文“A relational model of data for large shared data banks”，提出了关系数据库理论，开创了数据库系统的新纪元。此后，关系数据库的理论研究和软件系统的开发得到了快速发展。

1974年，D. D. Chamberlin 和 R. F. Boyce 在研制关系数据库管理系统 System R 中，研制出一套规范语言——SEQUEL（Structured English Query Language），1980年将其更名为SQL，SQL就此诞生。SQL不仅可以用于数据查询，还能完成数据库创建、完整性控制等功能。由于它具有功能丰富、使用灵活、语言简洁的特点，一经推出就深受计算机工业界和计算机用户的欢迎。1980年10月，美国国家标准局（ANSI）指定SQL为关系数据库语言的美国标准，同年公布了标准SQL。1987年，国际标准化组织（ISO）也将SQL作为关系数据库语言的国际标准。

目前，标准SQL几经修改和补充，其内容越来越丰富。各大软件厂商基于标准 SQL 开发了自己的关系型数据库管理系统，并对原有的 SQL 命令集进行了一定程度的扩充和修改。但目前还没有数据库系统能够支持标准 SQL 的所有概念和特性，绝大多数的数据库系统只能支持 SQL92 标准中的大部分功能以及 SQL99、SQL2003 中的部分新概念。

当前，大部分的 SQL 的使用者都将其限定于 SQL Server、Oracle、Access 等这些专业的数据库软件中，而忽略了 SQL 在 Excel 中的使用。实际上，Excel 提供了 SQL 的编辑环境，让用户可以通过使用 SQL 提高数据处理的效率。

1.2 SQL 的特点

SQL 是一个综合的、通用的、功能极强的关系数据库语言，自诞生以来便得到广大用户和业界的一致推崇并最终成为国际标准。其主要特点如下。

① SQL 将数据定义、数据操纵、数据控制等语言集为一体，能够完成数据库生命周期中的全部活动。

非关系型的数据模型例如层次模型和网状模型，其语言一般分为模式定义语言（schema data definition language，模式 DDL）、外模式定义语言（subschema data definition language，外模式 DDL）、数据存储有关的描述语言（data storage description language，DSDL）、数据操纵语言（data manipulation language，DML），这些语言分别用于定义数据库的模式、外模式、内模式和进行数据的存储和管理。当数据库投入使用后，如果需要修改数据库的模式，则必须停止数据库的运行，转储数据，修改模式，再编译后重装数据库才能实现，操作烦琐且降低数据库的可用性。

SQL 则将数据定义、数据操纵、数据控制等功能集为一体，为数据库应用系统的开发提供了良好的环境。当数据库投入运行后，如果数据库模式需要修改，不必停止数据库的运行，可根据需要随时修改模式，保证了数据库的正常运行。

② SQL 使用统一的语法结构，提供两种使用方式。

SQL 有两种使用方式，一种是作为独立语言，在数据库管理系统（DBMS）中用于联机交互使用，这种方式下的 SQL 实际上是作为自含式语言使用的，用户可以在 DBMS 中通过键入 SQL 命令直接操作数据库；另一种方式是嵌入到某种高级程序设计语言（如 C 语言、JAVA 等）中，供程序员在编写应用程序过程中操作数据库。尽管两种方式操作环境不同，但语法结构基本上是一致的，从而使 SQL 保持了极大的灵活性和便捷性。

③ SQL 是面向问题的高度非过程化语言。

非关系型的数据模型，其语言是“面向过程”的，在使用过程中必须指定存取路径。而 SQL 是第四代语言（fourth-generation language，4GL），是一种“面向问题”“非过程化”的语言。使用 SQL 进行数据操作时，用户只需要提出“做什么”，无须具体指明“怎么做”，存取路径对用户来说都是透明的。存取路径的选择和数据处理过程是由 DBMS 自动完成的，从而减轻了用户的负担，保持了数据的独立性。

④ SQL 语言简洁，易学易用。

SQL 的功能非常强大，但使用起来却十分简便，其核心功能只需 9 个动词即可完成，包括 CREATE、DROP、ALTER、INSERT、UPDATE、DELETE、SELECT、GRANT、REVOKE。SQL 的语法接近英语口语，学习起来也非常容易上手，对于没有任何 SQL 基础的人员，也可以轻松掌握。

⑤ SQL 采用面向集合的操作方式。

非关系的数据模型采用的是面向记录的操作方式，操作对象是一条记录，每次操作时需要把满足条件的记录一条一条地读出来，即“一次一记录”。而 SQL 采用面向集合的操作方式，操作过程中的对象、结果都是记录的集合，也就是行的集合，即“一次一集合”。

1.3　SQL 的基本概念

在 Excel 中，数据是存储在工作表中的。关系型数据库管理系统中，数据是存储在二维表中。不管是 Excel 还是其他关系型的数据库管理系统，在使用 SQL 时，其操作的基本对象都是二维表。这里以图 1.1 所示的“课程表”为例，来说明 SQL 的基本概念。

	A	B	C	D
1	课程号	课程名称	学分	学时
2	C01001	计算机组成原理	64	4
3	C01002	数据库原理	64	4
4	C01003	C语言程序设计	48	3
5	C01004	接口技术	48	3
6				

课程表

图 1.1　课程表

（1）关系/表

对于关系型的数据库，一个关系就是一个二维表。二维表是由行和列组成的，且每一列都是不可分割的数据项，即不允许表中有表。在 Excel 中，满足上述二维表条件的任何表格都可以称之为一个关系。图 1.1 中的课程表可以称为课程关系。

（2）属性/字段

二维表是由行和列组成的。对于每一列，都有一个列名与之相对应，这个列名就是属性名。属性有时也称为字段。图 1.1 中的“课程号”“课程名称”“学分”“学时”都是属性。

对于同一列中的值，其取值具有相同的数据类型。常见的数据类型有：文本型或字符型、数值型、日期时间型等。图 1.1 中“课程号”“课程名称”是文本型的数据，而“学分”“学时”是数值型的数据。有些列中允许使用空值（NULL），即未知的值。当一个列不允许为空值时，那么这个列必须包含有效数据。

（3）元组/记录

二维表中的每一行都称之为一个元组，也称之为记录。一个表中的所有行都是具有相同类型的对象。比如学校里所有的课程都可以放在课程表中，所有的学生都可以放在学生表中。理论上，表中的数据对行数是没有限制的，但是因为 Excel 版本的不同而有所限制。在 Excel 2019 中，每个表的最大行数为 1048576。

（4）属性值

表中行和列的交叉即单元格中的取值，称为属性值。如图 1.1 中，“数据库原理”“48”这些值都称为属性值。

（5）主码/主键

当表中的一个属性值或者几个属性值的集合能够唯一地标识表中的一行，那么这个属性或属性集就称之为主码或者主键。主键的值一定具有唯一性且不能取空值，否则就无法用其标识唯一的一行。图 1.1 中的“课程号”可以唯一地标识出一个课程（即一行记录），所以课程号是课程表的主码或者主键。

（6）外码/外键

假设一个表中的某个属性不是这个表的主码，但是其值引用了另外一个表的主码值，那么这个属性即为此表的外码或者外键。外码的取值有两种可能性：一是取引用表的主码值；二是取空值。这种引用和被引用的关系可以用来将多个表连接起来查询所需的数据。

1.4　SQL 语言的基本语句

SQL 语言简洁易学，按其功能可以分为以下几类：

① 数据定义语句。数据定义语句包括 CREATE、DROP、ALTER，用来定义数据库的三级模式结构，即外模式、模式和内模式结构，包括创建、删除、修改数据库、表、视图或索引等数据库对象。

② 数据操纵语句。数据操纵语句包括 INSERT、UPDATE、DELETE，用来对基本表和视图中的数据执行插入、删除和修改等操作。

③ 数据查询语句。数据查询语句只有一个动词 SELECT，用来完成对数据的查询操作。虽然数据查询只有一个动词，但却是 SQL 语言的核心功能，通过搭配 WHERE、ORDER BY、GROUP BY 和 HAVING 等子句或短语，可以完成非常复杂的查询操作。

④ 数据控制语句。数据控制语句包括 GRANT、REVOKE，主要是对用户的访问权限和操作权限加以控制，以保证数据库的安全性。

在 Excel 中使用最多的操作是对数据的操纵和查询，所以在后续的章节中，将着重介绍 SELECT、INSERT、UPDATE、DELETE 等语句的使用方法。

第2章 Excel 2019的SQL运行环境

SQL 的强大功能给数据处理带来了方便高效的解决方案，但其应用场景已不局限于数据库管理系统。Excel 中提供了多种机制，可以将 SQL 命令嵌入到数据处理和查询之中，从而为 Excel 的使用者提供了更为便捷地使用 SQL 的环境。本章将介绍在 Excel 2019 中使用 SQL 的操作方法和使用界面，帮助读者快速熟悉 SQL 的编写环境。

Excel 2019 中提供了多种可以使用 SQL 语句的机制，本章主要介绍两种方式，一是通过“现有连接”按钮；二是通过“Microsoft Query”菜单项。这两种方法都可以达到使用 SQL 的目的。

2.1 通过“现有连接”使用 SQL 语句

在 Excel 2019 中使用 SQL 语句，其实质是要对已有的一个或者若干个表的数据进行查询、增删和修改，因此可以采取把已有表导入到 Excel 中，在导入的过程中撰写 SQL 语句，来实现对表的查询、增删和修改，并最终实现使用 SQL 语句的目的。

2.1.1 通过“现有连接”使用 SQL 语句的步骤

假设有 Excel 工作簿文件“学生信息表.xlsx”，如图 2.1 所示。现将此表通过使用 SQL 语句的形式导入到另外一个工作簿文件“实例 2.1.xlsx”中。

步骤 1：打开 Excel 2019，新建一个工作簿，并将其保存为“实例 2.1.xlsx”。在工作簿中，将 Sheet1 工作表重命名为“实例 2.1”，并将鼠标指针定位于 A1 单元格。

	A	B	C	D	E
1	学号	姓名	性别	年龄	学院
2	201806121	李勇	男	23	计算机学院
3	201806122	刘晨	女	20	计算机学院
4	201806123	王敏	女	19	理学院
5	201806124	张雪莹	女	20	管理学院
6	201806126	陈永全	男	18	管理学院
7	201806127	刘光辉	男	19	管理学院
8	201806128	张国栋	男	20	理学院
9	201806129	李鑫	女	19	管理学院
10	201806130	王晶鑫	男	21	计算机学院
11					

学生信息表

图 2.1　学生信息表

步骤 2： 点击“数据”菜单，在“获取和转换数据”组中选择“现有连接”按钮，如图 2.2 所示。

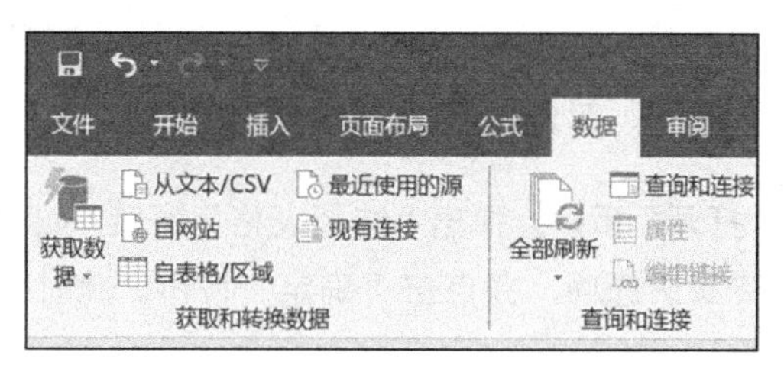

图 2.2　“数据”菜单

步骤 3： 在弹出的“现有连接”窗口中点击“浏览更多...”按钮，如图 2.3 所示。

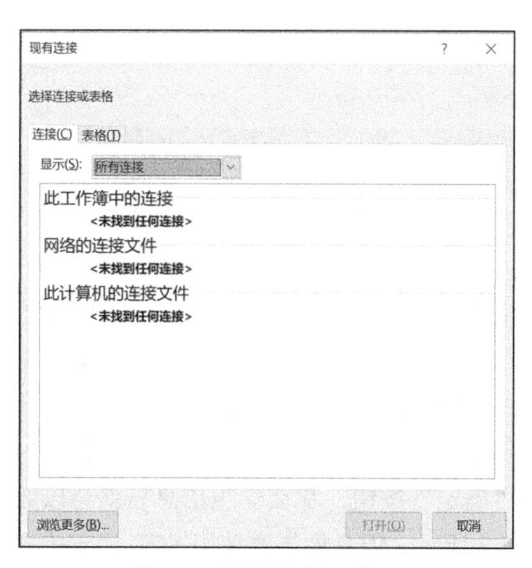

图 2.3　“现有连接”窗口

步骤 4： 此时，会弹出“选取数据源”窗口，如图 2.4 所示。在“选取数据源”窗口中选择“学生信息表”，并点击“打开”按钮。

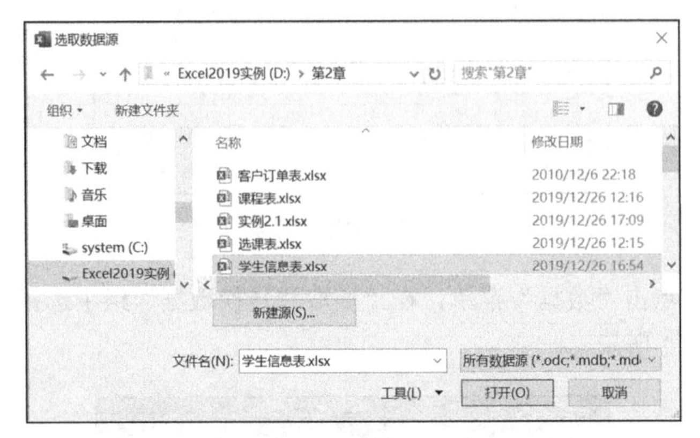

图 2.4 “选取数据源”窗口

步骤 5： 点击“打开”后，会弹出“选择表格”窗口，如图 2.5 所示。在“选择表格”窗口中维持默认选项，并点击“确定”按钮。此时会弹出“导入数据”窗口，如图 2.6 所示。

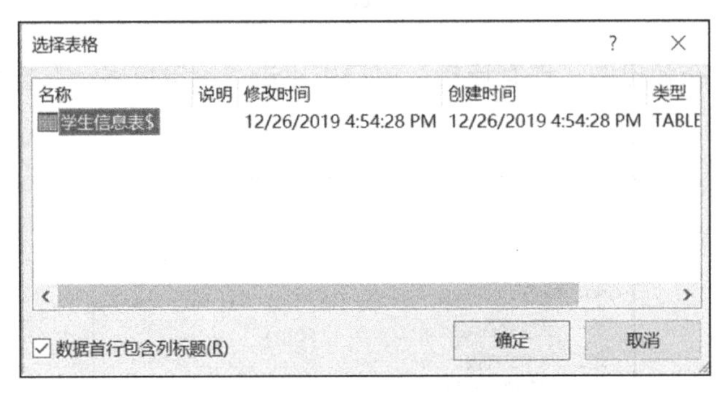

图 2.5 “选择表格”窗口

因为要将“学生信息表”的数据导入到该表中，因此“请选择该数据在工作簿中的显示方式”选择“表”选项，“数据的存放位置”是指导入数据后表的左上角数据的位置，在步骤 1 中已经定位在 A1 单元格，因此这个选择框中显示“=A1”。也可以点击“ ”按钮来手动选取一个位置存放数据。

如果此时点击“确定”按钮，那么学生信息表就会以数据导入的方式导入到新建表中，如图 2.7 所示。但是如果要使用 SQL 语句来操作数据，则要点击“属性…”按钮，打开“连接属性”窗口。

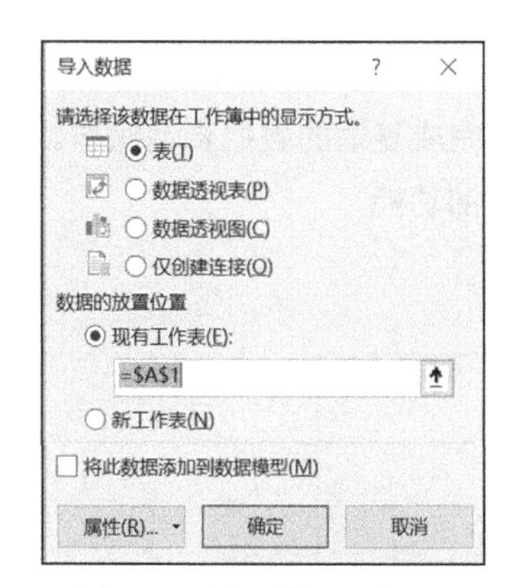

图 2.6 “导入数据”窗口

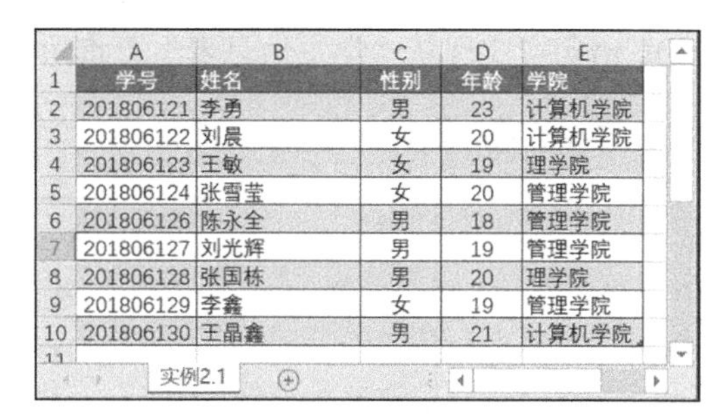

学号	姓名	性别	年龄	学院
201806121	李勇	男	23	计算机学院
201806122	刘晨	女	20	计算机学院
201806123	王敏	女	19	理学院
201806124	张雪莹	女	20	管理学院
201806126	陈永全	男	18	管理学院
201806127	刘光辉	男	19	管理学院
201806128	张国栋	男	20	理学院
201806129	李鑫	女	19	管理学院
201806130	王晶鑫	男	21	计算机学院

图 2.7　导入后的数据

步骤 6：在“连接属性”窗口中选择“定义”选项卡，此选项卡中显示了导入的数据表的连接属性，包括文件名、物理位置、连接字符串等，如图 2.8 所示。此时，可以在“命令文本”文本框中输入 SQL 语句实现对数据的查询和操纵，这也是在 Excel 中使用 SQL 语句的重要通道之一。

图 2.8 “连接属性”窗口“定义”选项卡

将“命令文本”框清空，并输入如下 SQL 语句，如图 2.9 所示。SELECT 是用来查询数据的 SQL 语句，可以配合其他子句完成复杂的数据查询操作。以下 SQL 语句可实现从“学生信息表”查询所有行的功能。

```
SELECT *
FROM [学生信息表$]
```

图 2.9　输入 SQL 语句

在图 2.9 所示的窗口中点击“确定”，回到图 2.6 所示的“导入数据”窗口，再点击“确定”，会查询出与图 2.7 相同的结果。同理，还可以在命令文本框中输入其他的 SQL 语句，完成更加复杂的数据查询和操作。

2.1.2　连接属性的设置

在图 2.8 所示的“连接属性”窗口中，“定义”选项卡包含了多个参数设置，其含义如下：

①“连接文件”是指要通过 SQL 语句查询和操作的数据源；

②“连接字符串”提供了通过 ADO 对 Excel 对象进行连接或导入时，需要配置的连接属性，此时的 Excel 文件是作为数据源存在的。

连接字符串的语法如下：

```
Provider=Microsoft.ACE.OLEDB.12.0;
Password="连接数据源密码";
User ID=用户名;
Data Source=数据源的完整路径和文件名;
Mode=模式;
Extended Properties="HDR=YES;IMEX=1";
```

Provider 指明了连接 Excel 对象的接口引擎。对于不同的 Excel 版本，有两种接口可供选择：Microsoft.Jet.OLEDB.4.0（简称 JET 引擎）和 Microsoft.ACE.OLEDB.12.0（简称 ACE 引擎）。其中 JET 引擎能访问 Office 97～2003 等版本，但不能访问 Office 2007 及以上的版本。ACE 引擎是随 Office 2007 一起发布的数据库连接组件，既能访问 Office 2007 及更高的版本，也能访问早期的 Office 97～2003 等版本。另外，Microsoft.ACE.OLEDB.12.0 可以访问正在打开的 Excel 文件，而 Microsoft.Jet.OLEDB.4.0 是无法访问的。所以，在使用不同版本的 Excel 时，要注意匹配正确的接口引擎。

User ID 用来指定用户名，默认用户名为“admin”。

Password 指连接数据源的用户名对应的密码。

Data Source 用来指定数据源的存储路径及文件名，如前例中的“D:\第 2 章\学生信息表.xlsx”。

Extended Properties 中的参数 HDR 的值有两个选项：HDR=Yes，是指导入数据的第一行是标题，不作为数据使用；HDR=NO，则表示第一行不是标题，而作为数据来使用。一般情况下系统默认 HDR=YES。

Extended Properties 中的参数 IMEX 的值有三个选项，用来指明驱动程序使用 Excel 文件的模式，IMEX 取值为 0、1、2 时，分别代表导出、导入和混合模式。

2.1.3　刷新导入的数据

使用“现有连接”将外部数据导入 Excel 后，数据在源端有可能会发生变化，导入的数据如果不能更新，则无法与数据源保持一致。可以使用数据菜单的“刷新”功能来更新导入的数据。假设图 2.1 所示的“学生信息表”发生了变化，学号为“201806122”的学生，其“学院”由“计算机学院”更改为“法学院”，如图 2.10 所示。对于使用 SQL 语句导出的表“实例 2.1”，如何更新其数据？具体方法如下。

	A	B	C	D	E
1	学号	姓名	性别	年龄	学院
2	201806121	李勇	男	23	计算机学院
3	201806122	刘晨	女	20	法学院
4	201806123	王敏	女	19	理学院
5	201806124	张雪莹	女	20	管理学院
6	201806126	陈永全	男	18	管理学院
7	201806127	刘光辉	男	19	管理学院
8	201806128	张国栋	男	20	理学院
9	201806129	李鑫	女	19	管理学院
10	201806130	王晶鑫	男	21	计算机学院

学生信息表

图 2.10　修改后的“学生信息表”

方法 1：打开导入后的表“实例 2.1”，选择数据区域中的任一单元格，点击“数据”菜单，在“全部刷新”下拉菜单中点击“全部刷新”选项，即可实现数据的更新，如图 2.11 所示。

	A	B	C	D	E
1	学号			年龄	学院
2	201806121			23	计算机学院
3	201806122	刘晨	女	20	计算机学院
4	201806123	王敏	女	19	理学院
5	201806124	张雪莹	女	20	管理学院
6	201806126	陈永全	男	18	管理学院
7	201806127	刘光辉	男	19	管理学院
8	201806128	张国栋	男	20	理学院
9	201806129	李鑫	女	19	管理学院
10	201806130	王晶鑫	男	21	计算机学院

图 2.11　刷新数据

通过此种方法可以实现数据的手动更新，每次只要点击“全部刷新”即可完成数据更新。但这种方式有一定的局限性。因为在现实中，数据更新是随时发生的，要保证和源数据一致，必须要通过频繁的点击刷新来实现，灵活性和方便性较差。下面介绍系统自动更新数据的方法，省去了手动更新的烦琐。

方法 2：在图 2.11 中，选择“全部刷新”菜单下的“连接属性”选项，打开“连接属性”窗口，选择“使用状况”选项卡。在“刷新控件”中勾选“允许后台刷新”和“打开文件时刷新数据”两个选项，勾选“刷新频率”并设置为 10 分钟，如图 2.12 所示。设置完成后，每当打开该文件或者每隔 10 分钟，系统会自动将数据源中的数据更新到该文件中，使数据保持一致。

图 2.12 “连接属性”窗口的“使用状况”选项卡

2.1.4 修改数据源的连接地址

使用“现有连接”将外部数据导入到 Excel 后，不仅数据源的数据会随时发生变化，数据源的物理位置也可能会发生变化。例如，“学生信息表”原有物理地址为“D:\第 2 章\学生信息表.xlsx”，如果将其移动到目录“D:\第 3 章\学生信息表.xlsx”下，那么在对“实例 2.1.xlsx”进行刷新时，则会出现警告提示，如图 2.13 所示。如要实现数据更新，则需修改连接字符串中的存储路径，把数据源指向新的地址。具体步骤如下。

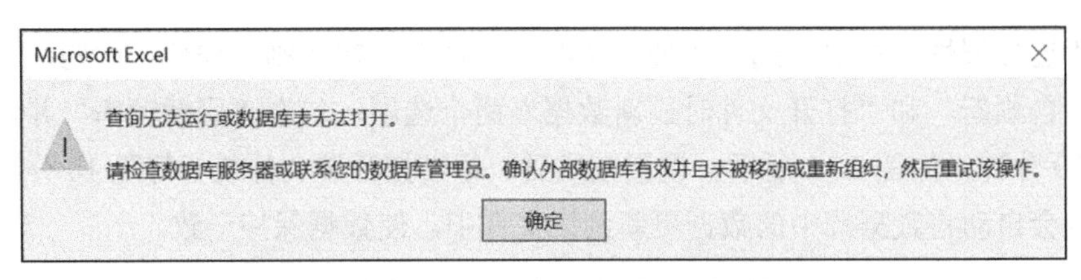

图 2.13　数据源更改地址后的提示信息

步骤 1： 打开工作簿“实例 2.1.xlsx”，点击数据区域内的任意一个单元格，选择“数据”菜单，单击“全部刷新”菜单下的“连接属性”选项，打开“连接属性”窗口，选择“定义”选项卡，如图 2.8 所示。

步骤 2： 在“连接字符串”文本框中将“Data Source=D:\第 2 章\学生信息表.xlsx”修改为“D:\第 3 章\学生信息表.xlsx”，如图 2.14 所示，然后点击“确定”按钮。此时，导入的数据在更新时会将数据源指向新的物理地址。

连接属性
连接名称(N): 学生信息表
说明(I):
使用状况(G)　定义(D)　用于(U)
连接类型: Excel 文件
连接文件(F): D:\第2章\学生信息表.xlsx　浏览(B)...
始终使用连接文件(A)
连接字符串(S): Provider=Microsoft.ACE.OLEDB.12.0;User ID=Admin;Data Source=D:\第3章\学生信息表.xlsx;Mode=Share Deny Write;Extended Properties="HDR=YES;";Jet OLEDB:System
保存密码(W)
命令类型(C): 表
命令文本(M): select * from [学生信息表$]
Excel Services: 验证设置(U)...
编辑查询(E)...　参数(P)...　导出连接文件(X)...
确定　取消

图 2.14　变更数据源地址

2.2　通过“Microsoft Query”使用 SQL 语句

2.2.1　Microsoft Query 简介

Microsoft Query 是一个用于将外部数据源中的数据检索到 Microsoft Office 程序（特别是 Excel）中的应用程序。如果要使用 Excel 数据分析的功能来分析外部数据，则必须通过 Microsoft Query。使用 Microsoft Query 不仅可以导入外部数据，而且在导入后，可根据需要随时刷新，使数据与外部数据源保持同步。

Microsoft Query 支持多种类型的数据库检索，既可以从数据库管理系统中检索数据，还可以从 Excel 工作簿或者文本文件中检索数据。Microsoft Query 支持的数据源包括：

- Microsoft SQL Server Analysis Services（OLAP 提供程序）
- Microsoft Office Access
- dBASE
- Microsoft FoxPro
- Paradox
- Oracle
- Microsoft Office Excel
- 文本文件数据库

除了以上数据源，还可以使用厂商提供的 ODBC 驱动程序或数据源驱动程序从其他类型的数据源（包括其他类型的 OLAP 数据库）中检索数据。

通过 Microsoft Query 可以使用 SQL 语句来创建查询，从数据源中检索所需的数据。Microsoft Query 可以实现对列数据、行数据查询要求的响应。例如，如果要从 Excel 工作簿中查找一个表中的若干列，可以通过 Microsoft Query 仅检索这几列数据。通过 Microsoft Query 创建查询后，数据将显示在 Microsoft Query 数据窗格中，可以通过“文件”菜单的“将数据返回 Excel”，把查询到的数据导入到 Excel 工作簿中。导入后的数据，只需在必要的时候刷新一下即可实现数据的更新。

2.2.2 通过“Microsoft Query”使用 SQL 语句的步骤

假设在“D:\第 2 章”目录下有表“订单表.xlsx”，如图 2.15 所示，现在要使用 Microsoft Query 将此表导入到 Excel 中，具体步骤如下。

订单号	收件人	货品名称	目的地	物流委托
E01384	张丹丹	A款白色39	济宁	顺丰
E35634	王晓丽	A款黑色37	上海	韵达
E34673	牛国栋	B款白色36	济南	中通
E57432	陈达	C款黑色40	北京	中通
E45784	李秀丽	B款白色39	西安	圆通
E45357	齐建国	A款白色39	深圳	申通
E97564	陈雨潇	A款黑色37	天津	邮政
E74867	李青	B款白色36	广州	顺丰
E06675	郑明义	C款黑色40	杭州	韵达
E96543	齐强	B款白色39	济南	中通
E85790	石美艳	A款白色39	北京	中通
E06567	许凌霄	A款黑色37	西安	圆通
E35672	陈建明	B款白色36	深圳	申通
E46845	唐明霞	C款黑色40	天津	邮政
E53476	尚剑锋	B款白色39	广州	韵达
E68455	王华兴	A款白色39	杭州	宅急送
E45833	李国祥	A款白色39	沈阳	天天

图 2.15　订单表

步骤 1：打开 Excel 2019，新建一个工作簿，并将其保存为“实例 2.2.xlsx”。打开工作簿，将 Sheet1 工作表重命名为“实例 2.2”。选中工作表中的 A1 单元格。

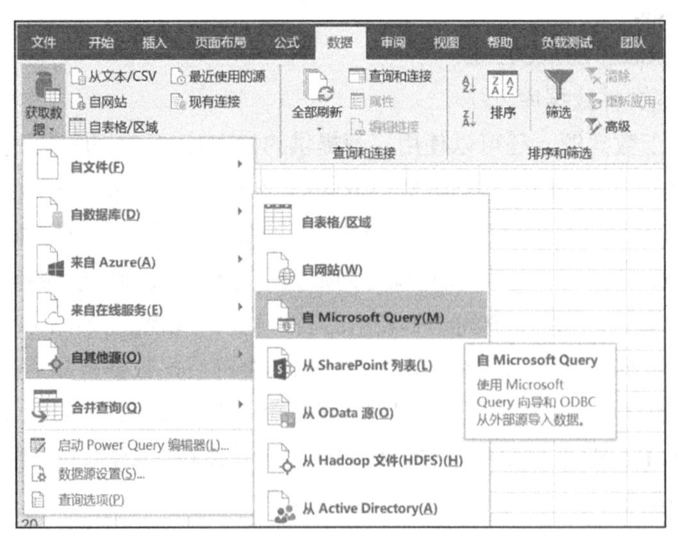

图 2.16　数据源选择“自 Microsoft Query”选项

步骤 2： 点击“数据”菜单，单击“获取数据”下拉菜单，选中“自其他源”菜单项，在其展开的菜单中选择“自 Microsoft Query”选项（图 2.16），此时打开“选择数据源”窗口，如图 2.17 所示。在“数据库”选项卡中选择“Excel Files*”选项，点击“确定”按钮。

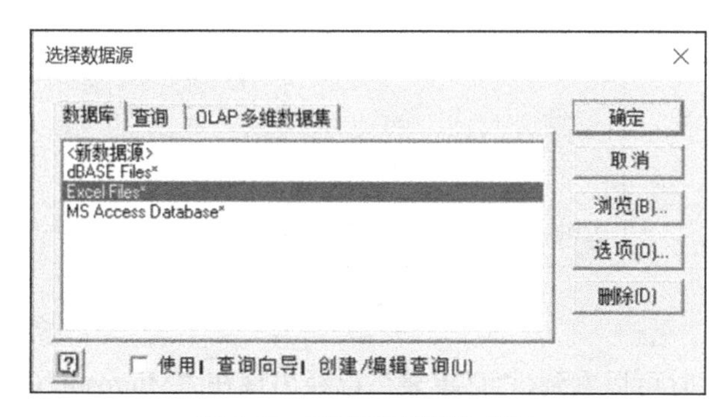

图 2.17　“选择数据源”窗口

步骤 3： 此时在弹出的“选择工作簿”窗口中，依次选择“驱动器”“目录”，然后点击要导入的表“订单表.xlsx”，最后选择“确定”按钮，如图 2.18 所示。

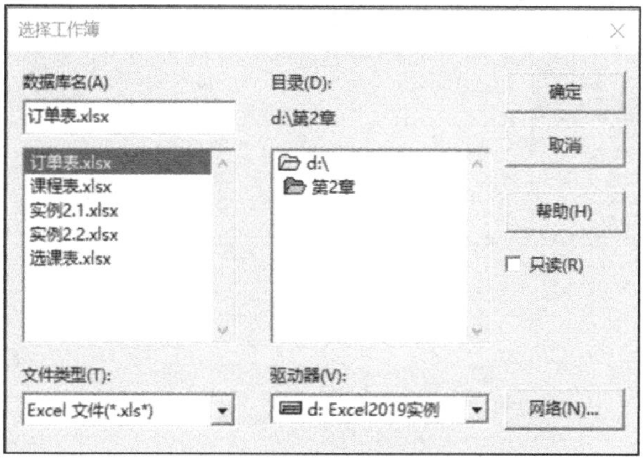

图 2.18　“选择工作簿”窗口

步骤 4： 点击“确定”按钮后，会弹出“Microsoft Query”窗口，并在“Microsoft Query”窗口中弹出“添加表”对话框，如图 2.19 所示。在“表”中选择“订单表$”，单击“添加”按钮，然后点击“关闭”按钮，回到“Microsoft Query”窗口。

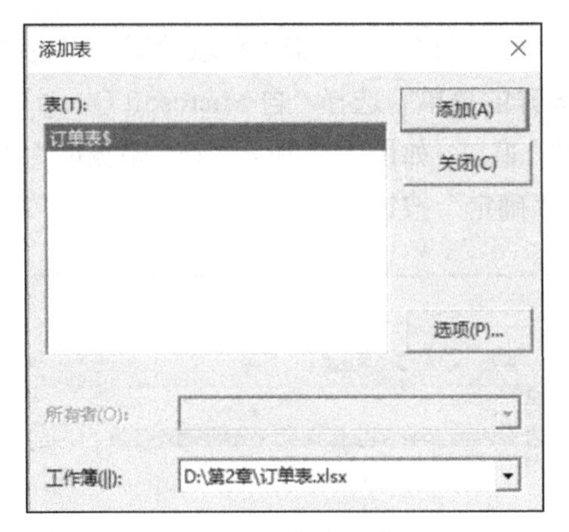

图 2.19 “添加表”窗口

步骤 5：此时可以看到，“订单表”已经出现在“Microsoft Query”窗口中，如图 2.20 所示，可以通过双击“订单表$”中的“*”，使表中所有数据显示在下方的数据窗格中，如图 2.21 所示。

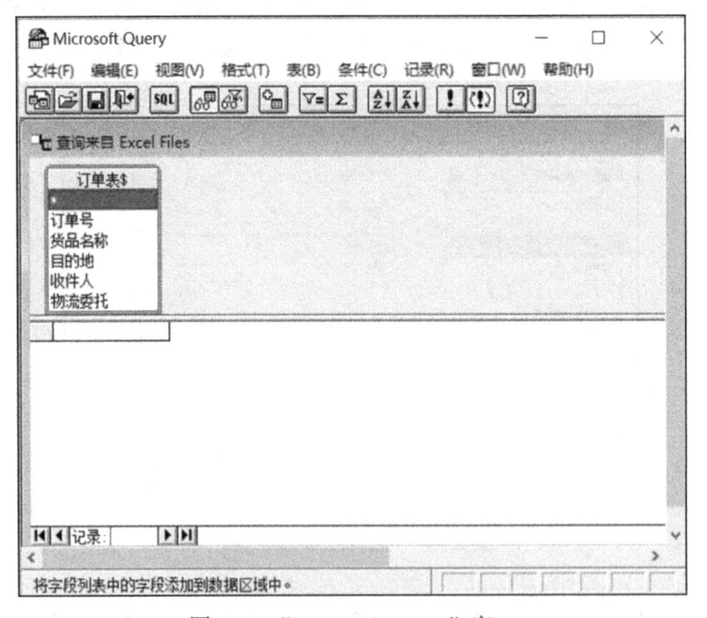

图 2.20 “Microsoft Query”窗口

双击“*”的作用是查询表中的所有列，如果没有搭配其他 SQL 语句，相当于查询整个表。此时也可以使用 SQL 语句来对数据进行有选择性的查询和操作。

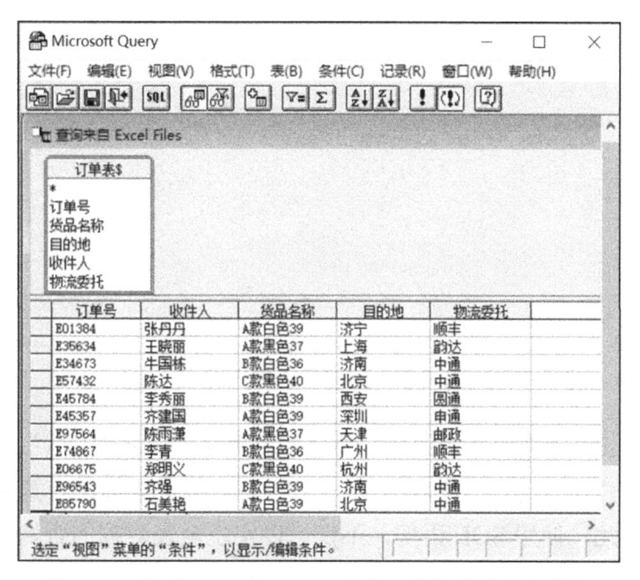

图 2.21 在“Microsoft Query”窗口查询表的全部数据

步骤 6： 点击“Microsoft Query”工具栏中的“显示 SQL”按钮，弹出 SQL 语句编辑窗口，如图 2.22 所示。此时，文本框中的 SQL 语句如下：

```
SELECT `订单表$`.订单号, `订单表$`.收件人, `订单表$`.货品名称, `订单表$`.目的地, `订单表$`.物流委托
FROM `D:\第 2 章\订单表.xlsx`.`订单表$` `订单表$`
```

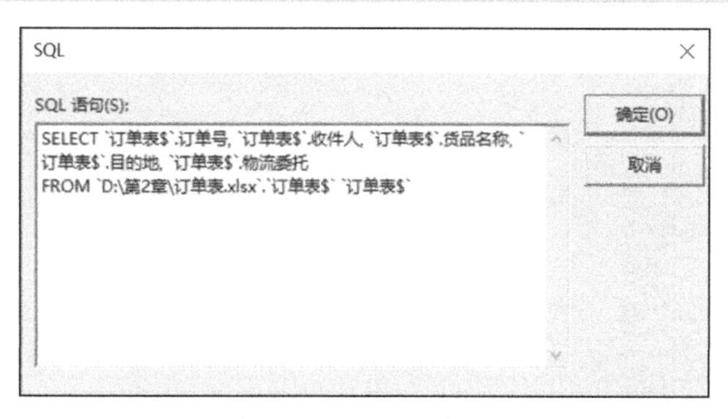

图 2.22 “SQL”窗口

这段 SQL 语句的作用与“步骤 5”中双击“*”的作用是相同的，都可以实现查询表中所有数据的作用。对这段 SQL 语句做如下修改，如图 2.23 所示，并点击“确定”按钮。

```
SELECT `订单表$`.订单号
FROM `D:\第 2 章\订单表.xlsx`.`订单表$` `订单表$`
```

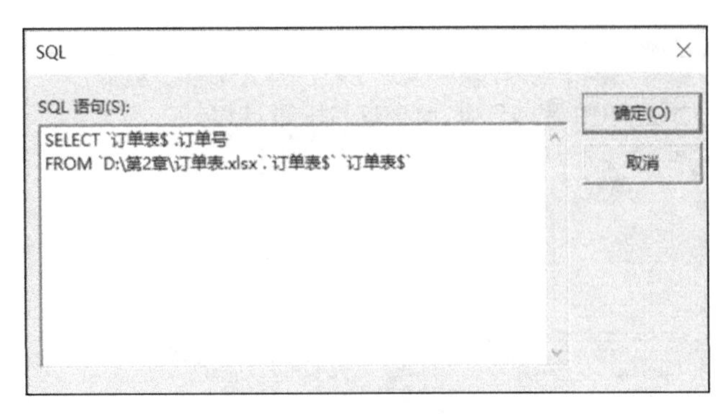

图 2.23　修改后的 SQL 语句

步骤 7： 点击“确定”按钮后，将返回到“Microsoft Query”窗口。在数据窗格中，只有“订单号”一列被查询出来，而其他数据都没有查询出来，如图 2.24 所示。因此，使用 SQL 语句，不仅可以实现全表数据的查询，还可以实现对表中部分数据的查询。另外，对于通过 SQL 语句查询出的数据，还可以将其导入到 Excel 表格中。

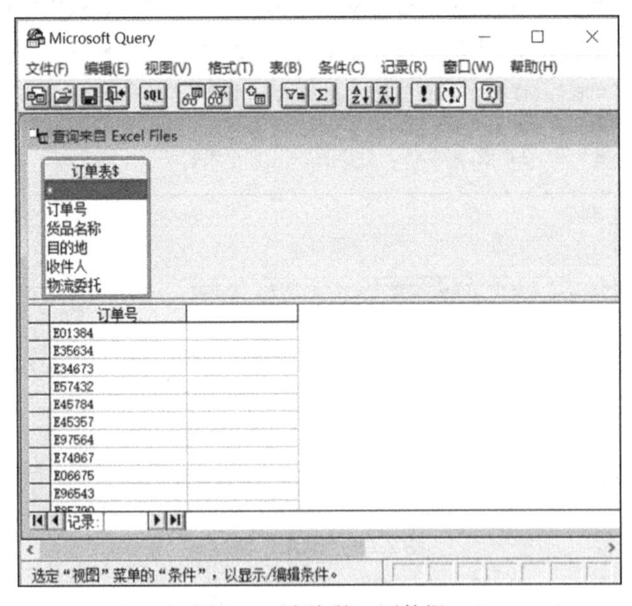

图 2.24　查询某一列数据

步骤 8： 在“Microsoft Query”窗口中选择“文件”菜单，点击“将数据返回 Microsoft Excel”命令，如图 2.25 所示，弹出如图 2.6 所示的“导入数据”窗口。

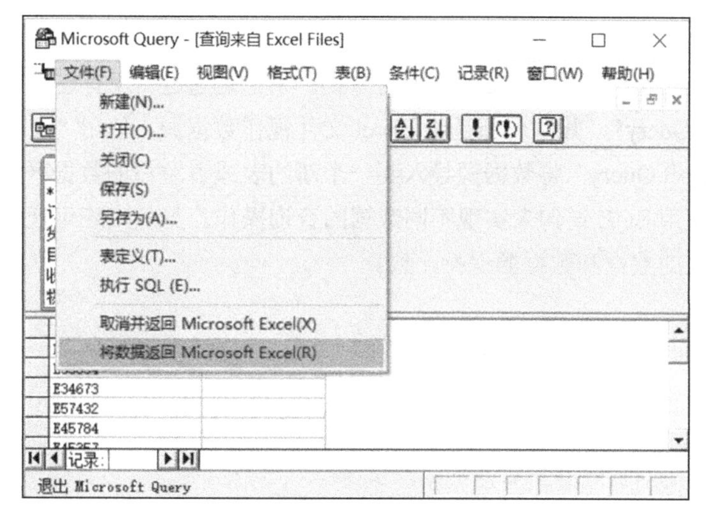

图 2.25　返回数据操作

在“导入数据”窗口中指定“数据的放置位置”为“现有工作表”的 A1 单元格，其他选项不变，点击“确定”按钮，关闭“导入数据”窗口。此时通过 SQL 语句查询到的“订单号”信息会导入到表“实例 2.2”中，如图 2.26 所示。

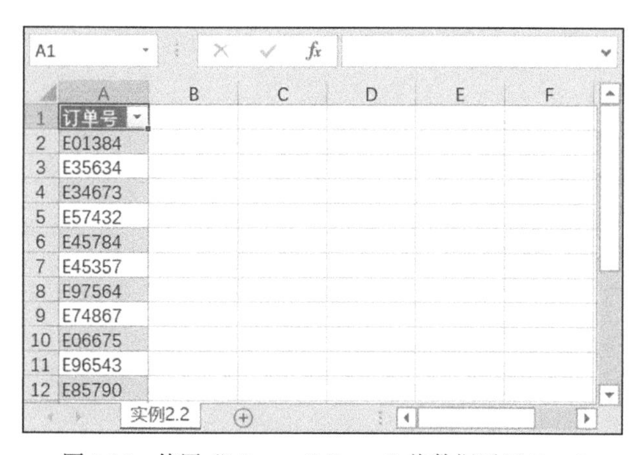

图 2.26　使用“Microsoft Query”将数据返回 Excel

通过 Microsoft Query 可以方便地修改、编写 SQL 语句，实现非常复杂的查询操作。但是 Microsoft Query 是 Excel 的可选安装项，如果安装时选择了“典型”安装，那么 Microsoft Query 将无法使用。只有安装了完整版的 Excel，才可以正常使用 Microsoft Query 组件。因此，本书的实例讲解主要通过“现有连接”

来使用 SQL 语句，其具体步骤见 2.1.1 节。

本章介绍了两种使用 SQL 语句的方式，无论是通过“现有连接”还是通过“Microsoft Query”，其原理都是将 Excel 文件视作数据源，使用“现有连接”或者“Microsoft Query”将数据源导入到一个新的表或者空白的数据区域，在导入的过程中使用 SQL 语句来实现不同数据的查询操作。另外，还可通过“刷新”操作使导入的数据和数据源保持一致。

第 3 章 数据查询语句

SQL 虽然能完成数据库生命周期中的全部功能，但其最核心的功能在于数据查询，即使用 SELECT 语句在表中查找所需要的数据。本章将讲解 SELECT 查询语句的语法结构和使用方法，并由浅入深地学习 DISTINCT 短语、WHERE 子句、ORDER 子句等语句的用法，使读者逐步掌握 SQL 语句的核心功能。

3.1 SELECT 的语法结构

3.1.1 SELECT 语法格式

一般情况下，SELECT 语句的语法格式为：

```
SELECT [ALL|DISTINCT] <目标列表达式> [AS 列别名][,<目标列表达式> [AS 列别名] ...] FROM <表名> [,<表名>…]
[WHERE <条件表达式> [AND|OR <条件表达式>...]]
[GROUP BY <列名>[,<列名>]……[HAVING <条件表达式>]]
[ORDER BY <列名> [ASC | DESC] [,<列名> [ASC | DESC]]]
```

SELECT 子句用于声明要在查询结果中显示的列，这些列可以是数据源中的某些列，也可以是经过计算后的表达式的值，也可以是字符串常量等，不同的列之间用逗号隔开。

一般来说，一个 SELECT 查询语句要搭配一个 FROM 子句来使用。FROM 子句用来指明查询的数据所来自的表或数据源。

WHERE 子句的作用在于查找数据源中所需要的行。如果说 SELECT 子句是指明结果中要显示的列，那么 WHERE 子句的作用则是指明结果中要显示的行。因此，SELECT 是列上的运算，在关系代数中称之为“投影”；WHERE 是行上的运算，在关系代数中称之为“选择”。WHERE 子句在查询行时，其原理是指明一个或者多个查询条件，只有符合条件的行才会从表中筛选出来，放入到查询结果中。

查询数据的时候，不仅可以查询原始数据，还可以在原始数据之上做进一步的统计分析。比如，一个“学生信息表”中包含了多个学院的学生信息，如果要统计每个学院的学生人数，则需要将学生先按照“学院”进行分组，然后对每个分组进行“计数”，才能得出每个学院的学生数。这种查询仅仅靠 SELECT 和 FROM 子句是无法完成的，必须引入 GROUP BY 子句。GROUP BY 子句可以将数据进行分组，然后对分组后的数据做进一步的统计分析。

用 GROUP BY 子句查询出分组数据之后，如果还需要对分组后的统计值做进一步筛选，则要用到 HAVING 短语。例如，当通过 GROUP BY 子句把每个学院的学生人数统计出来后，如果只查看“人数>500”的学院信息时，则要使用 HAVING 短语来指定“人数>500”这个筛选条件，即分组统计之后的进一步筛选。

当满足要求的数据被查出后，有可能会涉及大量的数据，此时可以对查询后的数据进行排序，以提高数据的可读性。对数据排序要使用 ORDER BY 子句，排序时既可以使用升序，也可以使用降序，可以对一个字段排序，也可以对多个字段排序。

一般情况下，SELECT 子句、FROM 子句构成了 SELECT 查询语句的基本结构。根据查询数据的要求，可以逐步搭配 WHERE 子句、GROUP BY 子句、ORDER BY 子句以及 HAVING 短语共同构成复杂的 SELECT 语句块，实现更加高级复杂的查询操作。

查询操作一方面可以通过搭配不同的子句实现复杂功能，另一方面可以通过对多个表进行连接查询，实现更大数据范围的查询操作。本章主要讲解对一个表的查询，涉及多个表的查询将在第 8 章的高级查询中讲解。

3.1.2 SQL 语法结构中的约定

① SQL 语句中使用的语法约定如表 3.1 所示，适用于所有的 SQL 语句。

表 3.1　SQL 语法约定

语法约定	含义
|（竖线）	分隔符，分隔符两侧的选项为可选项，只能选择其中一项
[ ]（方括号）	指可选语法项，使用时不必键入方括号
<>（尖角号）	指必选语法项，使用时不必键入尖角号
[,...*n*]	指前面的项可以重复 *n* 次，各项之间以逗号分隔
[...*n*]	指前面的项可以重复 *n* 次，各项之间以空格分隔

② 一般情况下，SQL 语句在引用表时直接书写表名即可，但在 SQL in Excel（Excel 环境下的 SQL）中，表名一般以“表名$”的形式给出，并在两侧加上方括号。因此在 SQL in Excel 中引用表的实际语法应为“<[表名$]>”。这里需要注意的是，SQL 语法结构中的方括号“[ ]”本身还具有“可选项”的含义，这要在实际使用过程中加以区分。

③ 有些数据查询涉及多个表，不同的表有可能存在相同名称的列。要区分这些来自不同表的相同列，需要在查询中指明某个列来自哪个表。指明列名的隶属关系时可以使用点号“.”，格式如下：

```
[表名$].列名
```

例如：“[学生信息表$].学号”指的是“学生信息表”中的“学号”列，而“[选课表$].学号”指的是“选课表”中的“学号”列。

④ SQL 语法中，对于表名和列名的命名规则是有要求的。在 Excel 中使用 SQL 时，表及其列的命名应符合以下规则。

a. 表名或者列名的名称不能使用保留关键字，如 SELECT、FROM 等。

b. 长度不要超过 30 个字节，为了方便引用，以言简意赅为宜。

c. 列名一般以字母、汉字、下划线（_）、数字为主，避免使用特殊字符，如：空格、双引号（“）、撇号（'）、重音符（`）、井号（#）、百分号（%）、大于号（>）、小于号（<）、叹号（!）、句点（.）、脱字符（^）、圆括号、方括号（[或者]）、加号（+）、斜杠（\或者/）、星号（*）、美元符号（$）、分号（;）等。

如果已有的列名中出现了以上特殊字符，那么 SQL 语句在引用时，需要使用方括号“[ ]”或者重音符“`”将其括起来。

3.2 查询表中的列

3.2.1 查询一列或多列数据

查询一个表中的一列或者多列数据时，要使用 SELECT 子句来指定这些列。选择列时一定要有指向的表，指定表要用 FROM 子句，因此一个简单的查询需要 SELECT 子句和 FROM 子句搭配使用。在有些 SQL 语句的使用环境中，SELECT 子句是可以单独使用的，一般用来直接进行数值运算或用函数返回一个值，本书不做赘述。

（1）查询一列数据

现有如图 3.1 所示“生鲜销售表.xlsx”，记录了某超市在一个月内生鲜产品的买进价格、买进数量、卖出价格和卖出数量，并使用公式计算出了当月的销售额和毛利润。如要查询产品的销售额，即只查询表中的“销售额”一列，应如何用 SQL 语句来实现？步骤如下。

产品编号	产品名称	买进价格/公斤	买进数量	卖出价格/公斤	卖出数量	销售额	毛利润/月
1	白萝卜	0.35	1,000	1.00	900	900.00	550.00
2	胡萝卜	1.85	5,000	3.90	4,900	19,110.00	9,860.00
3	大白菜	0.40	3,000	0.90	2,950	2,655.00	1,455.00
4	土豆	1.50	3,000	2.90	2,950	8,555.00	4,055.00
5	辣椒	3.85	400	5.50	380	2,090.00	550.00
6	西红柿	5.58	500	8.20	480	3,936.00	1,146.00
7	苹果	3.00	600	5.50	580	3,190.00	1,390.00
8	香蕉	4.20	600	6.50	580	3,770.00	1,250.00
9	猕猴桃	7.00	200	9.00	190	1,710.00	310.00
10	橙子	4.50	300	8.00	290	2,320.00	970.00

图 3.1　生鲜销售表

步骤 1：在“生鲜销售表.xlsx”工作簿中新建一个表，命名为“查询一列”，如图 3.2 所示。选中表中的 A1 单元格，将要查询到的数据插入到表中的这个位置。

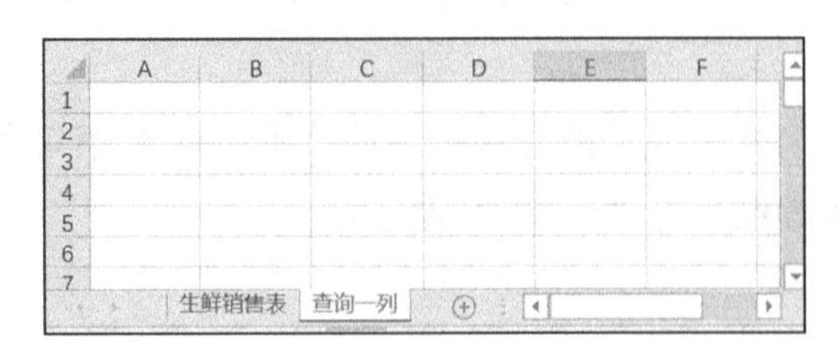

图 3.2　新建“查询一列”工作表

步骤 2： 点击“数据”菜单，在“获取和转换数据”组中选择“现有连接”按钮，在打开的“现有连接”窗口中点击“浏览更多…”按钮。此时会弹出“选取数据源”窗口，在“选取数据源”窗口中找到“生鲜销售表.xlsx”所在的目录，并选择此文件，然后点击“打开”按钮。因为在“生鲜销售表.xlsx”工作簿中存在两个工作表，因此在弹出的“选择表格”窗口中会出现“生鲜销售表$”和“查询一列$”两个选项，如图 3.3 所示。此处选择“生鲜销售表$”，然后点击“确定”按钮。

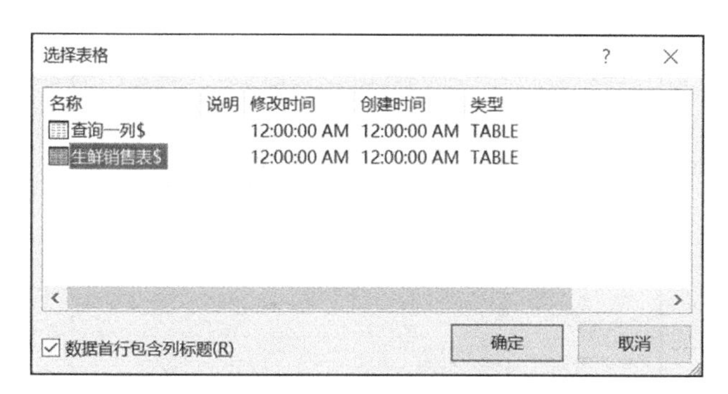

图 3.3 “选择表格”窗口

步骤 3： 在弹出的“导入数据”窗口中点击“属性”按钮，其他选项保持默认选项。如图 3.4 所示。

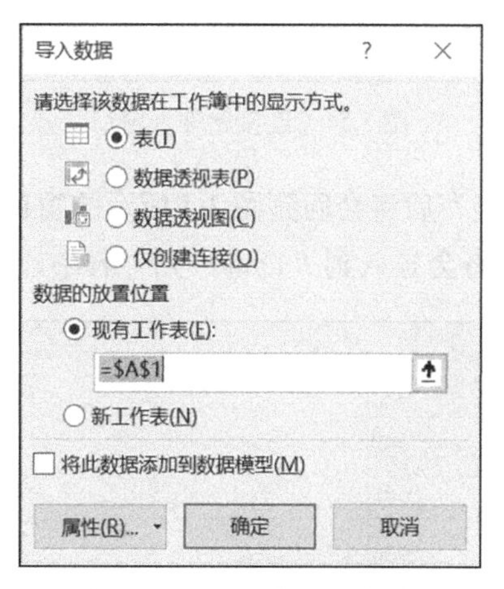

图 3.4 “导入数据”窗口

步骤 4： 点选“属性”按钮之后会弹出“连接属性”窗口，在此窗口中选择“定义”选项卡，如图 3.5 所示。清空“命令文本”框，键入如下 SQL 语句后点击“确定”按钮。

```
SELECT 销售额
FROM [生鲜销售表$]
```

图 3.5 “连接属性”窗口

步骤 5：点击“确定”后将会回到图 3.4 所示的窗口，再次点击“确定”按钮，此时查询后的数据将会导入到“查询一列”表中，如图 3.6 所示。

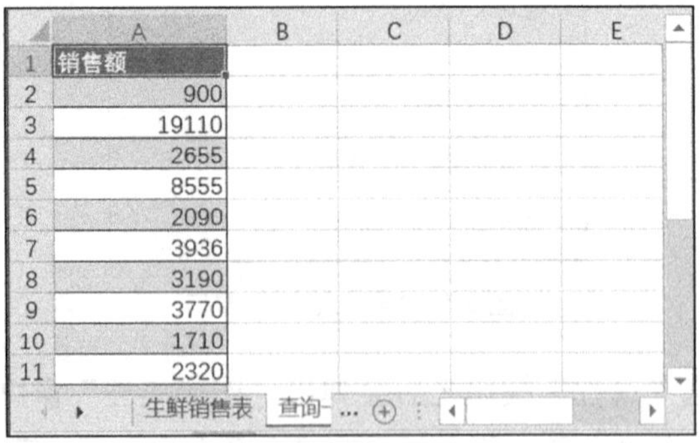

	A
1	销售额
2	900
3	19110
4	2655
5	8555
6	2090
7	3936
8	3190
9	3770
10	1710
11	2320

图 3.6 查询结果

通过以上步骤可以查询出表中的一列数据。在“连接属性”窗口，查询一列数据的语法格式为：

```
SELECT 列名
FROM [表名$]
```

（2）查询多列数据

对于如图 3.1 所示的“生鲜销售表.xlsx”，除了可以查询其中的任意一列，还可以查询表中的多列数据，例如要查询“产品编号”“产品名称”和“销售额”三列，可使用以下步骤实现。

步骤 1： 在“生鲜销售表.xlsx”工作簿中增加一个新的工作表“查询多列”，如图 3.7 所示，并选中 A1 单元格。

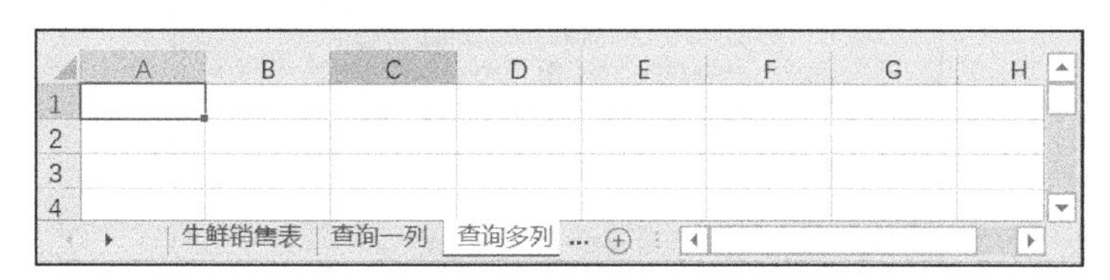

图 3.7　新建“查询多列”工作表

步骤 2： 重复上例的步骤，点击“数据”菜单，在“获取和转换数据”组中选择“现有连接”按钮，在打开的“现有连接”窗口中点击“浏览更多...”按钮，在弹出的“选取数据源”窗口中选择“生鲜销售表.xlsx”所在的目录，并选择此文件，然后点击“打开”按钮。在弹出的“选择表格”窗口中选择“生鲜销售表$”后点击“确定”按钮，如图 3.8 所示。

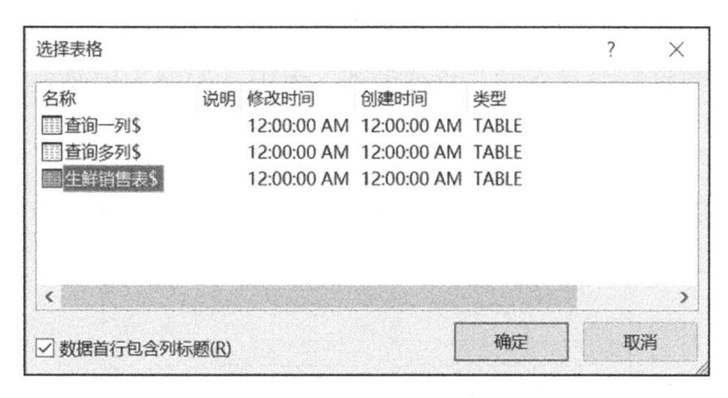

图 3.8　“选择表格”窗口

步骤 3： 在弹出的“导入数据”窗口中点击“属性”按钮，在此窗口中选择“定义”选项卡，如图 3.9 所示。

步骤 4： 清空“命令文本”框，键入如下 SQL 语句后点击“确定”按钮。

```
SELECT 产品编号,产品名称,销售额
FROM [生鲜销售表$]
```

连接属性

连接名称(N): 生鲜销售表1

说明(I):

使用状况(G) 定义(D) 用于(U)

连接类型: Excel 文件

连接文件(F): D:\第3章\生鲜销售表.xlsx 浏览(B)...

始终使用连接文件(A)

连接字符串(S): Provider=Microsoft.ACE.OLEDB.12.0;Password="";User ID=Admin;Data Source=D:\第3章\生鲜销售表.xlsx;Mode=Share Deny Write;Extended Properties="HDR=YES;";Jet OLEDB:System

保存密码(W)

命令类型(C): 表

命令文本(M): SELECT 产品编号,产品名称,销售额 FROM [生鲜销售表$]

Excel Services: 验证设置(U)...

编辑查询(E)... 参数(P)... 导出连接文件(X)...

确定 取消

图 3.9 “连接属性”窗口

步骤 5： 点击“确定”后将会回到“导入数据”窗口，点击“确定”按钮后，查询后的数据将会导入到“查询多列”表中。如图 3.10 所示。

	A	B	C
1	产品编号	产品名称	销售额
2	1	白萝卜	900
3	2	胡萝卜	19110
4	3	大白菜	2655
5	4	土豆	8555
6	5	辣椒	2090
7	6	西红柿	3936
8	7	苹果	3190
9	8	香蕉	3770
10	9	猕猴桃	1710
11	10	橙子	2320
12			

查询多列

图 3.10 查询结果

通过以上步骤，可以实现对表中多列数据的查询。在“连接属性”窗口，查询多列数据的语法格式为：

```
SELECT 列名1,列名2,列名3,……
FROM [表名$]
```

需要注意的是，在查询多列时，各列之间要用逗号隔开，逗号必须要使用半角逗号，即要在英文状态下输入。

（3）查询列名中含有特殊字符的列

按照SQL的语法规则，列名中应尽量不要使用特殊字符，但是如果列名中已经存在特殊字符，对于这样的列名，需要做特殊处理。仍以图3.1的“生鲜销售表.xlsx”为例，表中有一列为“毛利润/月”，含有特殊字符斜杠（/）。那么，查询这样的列时应如何书写SQL语句呢？

步骤1： 在“生鲜销售表.xlsx”工作簿中增加一个新的工作表“特殊列名”，如图3.11所示，并选中A1单元格。

步骤2： 点击“数据”菜单，在“获取和转换数据”组中选择“现有连接”按钮，在打开的“现有连接”窗口中点击“浏览更多...”按钮，在弹出的“选取数据源”窗口中选取“生鲜销售表.xlsx”所在的目录，并选择此文件，然后点击“打开”按钮。在弹出的“选择表格”窗口中选择“生鲜销售表$”后点击“确定”按钮，在弹出的“导入数据”窗口中点击“属性”按钮，在弹出的“连接属性”窗口中选择“定义”选项卡，清空“命令文本”框并输入如下SQL语句：

```
SELECT 产品编号,产品名称,销售额,[毛利润/月]
FROM [生鲜销售表$]
```

步骤3： 在“连接属性”窗口中点击“确定”后返回到“导入数据”窗口，点击“确定”按钮后，查询后的数据将会导入到“特殊列名”表中。如图3.11所示。

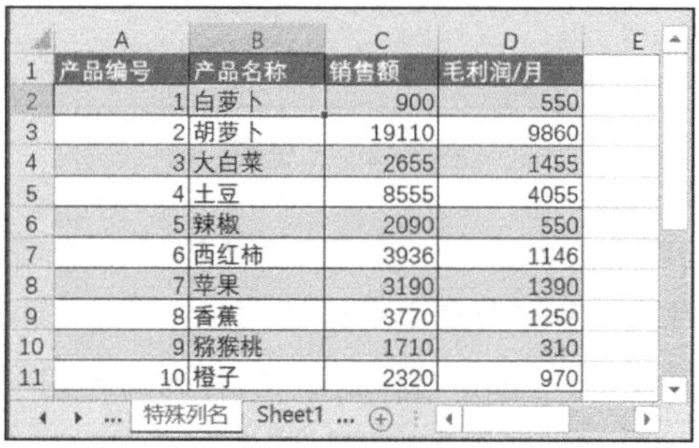

	A	B	C	D	E
1	产品编号	产品名称	销售额	毛利润/月	
2	1	白萝卜	900	550	
3	2	胡萝卜	19110	9860	
4	3	大白菜	2655	1455	
5	4	土豆	8555	4055	
6	5	辣椒	2090	550	
7	6	西红柿	3936	1146	
8	7	苹果	3190	1390	
9	8	香蕉	3770	1250	
10	9	猕猴桃	1710	310	
11	10	橙子	2320	970	

特殊列名 Sheet1 ...

图3.11 查询结果

小结

当查询含有特殊字符的列时，列名要用“[]”或者“`”（重音符号）括起来，其语法格式为：

```
SELECT [列名1],[列名2],[列名3],……
FROM [表名$]
```

或者

```
SELECT `列名1`,`列名2`,`列名3`,……
FROM [表名$]
```

因此上例中的 SQL 语句也可以改写成：

```
SELECT 产品编号,产品名称,销售额,`毛利润/月`
FROM [生鲜销售表$]
```

3.2.2 查询表中的所有列

现有一工资表，如图 3.12 所示。此表和前例中的表不同之处在于多了一个合并单元格的表标题。如要通过 SQL 语句导入此表的全部数据，但不包括合并单元格的表标题，应如何实现？

	A	B	C	D	E	F
1	2019年1月份工资表					
2	工资号	姓名	基本工资	绩效工资	扣除	实发工资
3	10501	凌琳	2000	1340	50	3290
4	10502	王青山	1850	2540	0	4390
5	10503	李华明	1900	1620	50	3470
6	10504	孙冬青	1950	1450	0	3400
7	10505	李庆利	2000	2210	100	4110
8	10506	王美英	1800	2190	50	3940
9	10507	郑尚进	1900	2900	0	4800
10	10508	刘美玲	1900	2200	0	4100
11	10509	肖美华	1950	2800	50	4700
12	10510	艾林强	2000	1950	0	3950

工资表

图 3.12 工资表

首先，如要查询表中的全部列，只需在 SELECT 后面将全部列名列出即可，但是此种方法对于列名过多的表来说太过烦琐。在 SQL 中引入了通配符*，用来代替一个表中的所有列。因此，查询表中所有列的语句可以写成：

```
SELECT *
FROM [表名$]
```

其次，在导入此表数据时，数据实际只存在于区域[A2:F12]中。因此，在 FROM 子句后的引用表中需要加上数据区域，即[工资表$A2:F12]。具体步骤如下：

步骤 1： 在“工资表.xlsx”工作簿中增加一个新的工作表“导入所有列”，并选中 A1 单元格。

步骤 2： 点击“数据”菜单，在“获取和转换数据”组中选择“现有连接”按钮，在打开的“现有连接”窗口中点击“浏览更多...”按钮，在弹出的“选取数据源”窗口中选取“工资表.xlsx”所在的目录，并选择此文件，然后点击“打开”按钮。在弹出的“选择表格”窗口中选择“工资表$”后点击“确定”按钮。

步骤 3： 在弹出的“导入数据”窗口中点击“属性”按钮，在此窗口中选择“定义”选项卡。清空“命令文本”框，键入如下 SQL 语句后，点击“确定”按钮。

```
SELECT *
FROM [工资表$A2:F12]
```

这与以下的语句在功能上是等价的：

```
SELECT 工资号,姓名,基本工资,绩效工资,扣除,实发工资
FROM [工资表$A2:F12]
```

虽然两种 SQL 语句的写法在功能上是等价的，但第二种书写方式不仅烦琐，而且容易把列名写错，造成查询失败，而第一种方式则更加简洁且不易出错。

步骤 4： 点击“确定”后将会回到“导入数据”窗口，点击“确定”按钮后，查询后的数据将会导入到“导入所有列”表中，如图 3.13 所示。

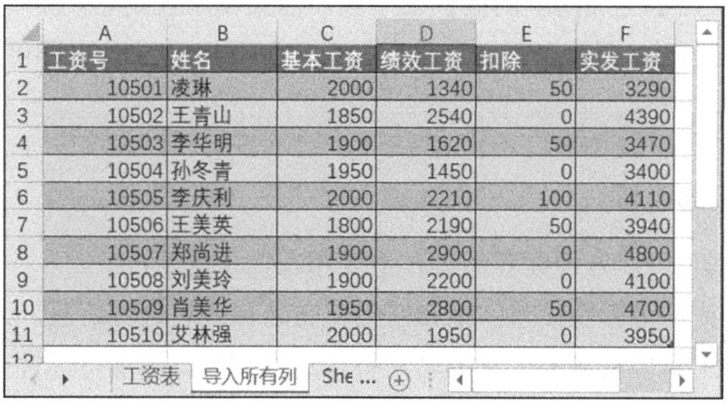

	A	B	C	D	E	F
1	工资号	姓名	基本工资	绩效工资	扣除	实发工资
2	10501	凌琳	2000	1340	50	3290
3	10502	王青山	1850	2540	0	4390
4	10503	李华明	1900	1620	50	3470
5	10504	孙冬青	1950	1450	0	3400
6	10505	李庆利	2000	2210	100	4110
7	10506	王美英	1800	2190	50	3940
8	10507	郑尚进	1900	2900	0	4800
9	10508	刘美玲	1900	2200	0	4100
10	10509	肖美华	1950	2800	50	4700
11	10510	艾林强	2000	1950	0	3950

工资表　导入所有列　She ...

图 3.13　查询所有列结果

小结

通过 SQL 查询表中所有列时，既可以把列名全部列出，又可以使用通配符*来代替，语法如下：

```
SELECT *
FROM [表名$]
```

如果导入的数据是表的一部分，占用部分数据区域，则可把数据区域的位置信息放在“表名后”来指示，语法如下：

```
SELECT *
FROM [表名$数据区域]
```

3.3 别名和 DISTINCT 短语的使用

3.3.1 使用别名

在 SQL 中，为了方便引用或增加可读性，可以为表或者列起一个简单易读的别名。

（1）给表起别名

给表起别名的主要目的是为了简单明了的标注一个表，主要用在如下的情况：

① 表的名称过长，引用起来较为烦琐；

② 多表查询的时候，不同表中存在相同的列名，需要使用表名来指示“列”来自某个表，为了更加简单的指代某个表，需要使用表别名。

给表起别名时，只需在原表名后加上“AS”，再加上表别名即可，语法如下：

```
SELECT 列名
FROM [表名$] AS 表别名
```

（2）给列起别名

给列起别名可以方便读者阅读，主要用在如下的情况：

① 原有列名可读性较差，比如使用英文名称或者名称缩写，无法“见名知意”，可以使用简单易懂的中文列名来替代这些列名，增加可读性；

② 多表查询时，如果查询结果中出现了来自不同表但具有相同列名的列，可以通过起别名来进行区分；

③ 在查询的结果中，对于通过算术运算或者聚集函数运算后增加的列，其列名是由系统自动生成的，可以对这样的列起别名以增加可读性。

给列起别名的语法格式为：

```
SELECT 列名 1 AS 列别名 1，列名 2 AS 列别名 2……
FROM [表名$]
```

例如，对于如图 3.12 所示的“工资表.xlsx”，如果要对“实发工资”乘以 12 求得“年薪”，那么可以在“命令文本”框中输入如下 SQL 语句：

```
SELECT 工资号,实发工资,实发工资*12
FROM [工资表$A2:F12]
```

如图 3.14 所示，在查询结果中，求得的“年薪”由系统自动加上了列名“Expr1001”，如果把列名改为“年薪”，则读取起来更加方便。

	A	B	C	D
1	工资号	实发工资	Expr1001	
2	10501	3290	39480	
3	10502	4390	52680	
4	10503	3470	41640	
5	10504	3400	40800	
6	10505	4110	49320	
7	10506	3940	47280	
8	10507	4800	57600	
9	10508	4100	49200	
10	10509	4700	56400	
11	10510	3950	47400	

求年薪　导, ...

图 3.14 “求年薪”查询结果

在“工资表.xlsx”工作簿中增加一个工作表“使用列别名”，按照前述步骤，在“命令文本”框中输入如下 SQL 语句，得到如图 3.15 所示的查询结果。

```
SELECT 工资号,实发工资,实发工资*12 AS 年薪
FROM [工资表$A2:F12]
```

	A	B	C	D
1	工资号	实发工资	年薪	
2	10501	3290	39480	
3	10502	4390	52680	
4	10503	3470	41640	
5	10504	3400	40800	
6	10505	4110	49320	
7	10506	3940	47280	
8	10507	4800	57600	
9	10508	4100	49200	
10	10509	4700	56400	
11	10510	3950	47400	

使用列别名

图 3.15 使用列别名

3.3.2 使用 DISTINCT 短语

在表中，经常有一列中反复出现同一数据的情况，如要在查询结果中将重复的数据去掉，每个数据仅仅出现一次，则可以使用 DISTINCT 短语来实现。

如图 3.16 所示的“学生选课表.xlsx”，每个学生可以选多门课，因此同一个学号和姓名会出现多次，例如“201806121”和“李勇”这两个数据都出现了三次。同时，一门课可能被多个学生选修，所以同一个课程也会出现多次，例如“信息系统”这个数据被五个同学选修，出现了五次。在查询操作中，如果要将列中重复的数据去掉，则要使用 DISTINCT 短语。

	A	B	C	D	E
1	学号	姓名	选修课程	成绩	
2	201806121	李勇	信息系统	89	
3	201806121	李勇	操作系统	90	
4	201806121	李勇	数据结构	95	
5	201806122	刘晨	信息系统	85	
6	201806122	刘晨	操作系统	86	
7	201806122	刘晨	数据结构	84	
8	201806123	王敏	操作系统	90	
9	201806123	王敏	数据结构	94	
10	201806124	张雪莹	信息系统	85	
11	201806124	张雪莹	操作系统	78	
12	201806124	张雪莹	数据结构	89	
13	201806126	陈永全	信息系统	95	
14	201806126	陈永全	操作系统	80	
15	201806126	陈永全	数据结构	84	
16	201806127	刘光辉	操作系统	79	
17	201806127	刘光辉	数据结构	80	
18	201806128	张国栋	操作系统	89	
19	201806128	张国栋	数据结构	94	
20	201806129	李鑫	操作系统	85	
21	201806129	李鑫	数据结构	78	
22	201806130	王晶鑫	信息系统	89	

学生选课表

图 3.16 学生选课表

假设要查询“选了课的所有学生的学号和姓名”，即从表中查询“学号”和“姓名”两列。其步骤如下。

步骤 1： 在“学生选课表.xlsx”工作簿中增加一个新的工作表“查询选课学生”，并选中 A1 单元格。

步骤 2： 点击“数据”菜单，在“获取和转换数据”组中选择“现有连接”按钮，在打开的“现有连接”窗口中点击“浏览更多...”按钮，在弹出的“选取数据源”窗口中选取“学生选课表.xlsx”所在的目录，并选择此文件，然后点击“打开”按钮。在弹出的“选择表格”窗口中选择“学生选课表$”后点击

“确定”按钮。

步骤3：在弹出的“导入数据”窗口中点击“属性”按钮，在此窗口中选择“定义”选项卡。清空“命令文本”框，键入如下SQL语句后点击“确定”按钮。

```
SELECT 学号,姓名
FROM [学生选课表$]
```

查询后的结果如图3.17所示。从结果可以看出，所有选课的学生都出现在结果中。对于选了多门课的学生，在结果中出现了多次。例如“李勇”选了三门课，因此出现了三次。

	A	B	C
1	学号	姓名	
2	201806121	李勇	
3	201806121	李勇	
4	201806121	李勇	
5	201806122	刘晨	
6	201806122	刘晨	
7	201806122	刘晨	
8	201806123	王敏	
9	201806123	王敏	
10	201806124	张雪莹	
11	201806124	张雪莹	
12	201806124	张雪莹	
13	201806126	陈永全	

图3.17　查询选课学生

如果在SQL语句中使用DISTINCT短语，则可以去掉这些重复的数据。选中“查询选课学生”表中的D1单元格，按照上述步骤，在“命令文本”框中输入如下SQL语句：

```
SELECT DISTINCT 学号,姓名
FROM [学生选课表$]
```

查询后的结果如图3.18所示。可以看到，在列名前使用DISTINCT短语后，去掉了结果中的重复数据，每个学号和姓名都仅出现一次。

	A	B	C	D	E
1	学号	姓名		学号	姓名
2	201806121	李勇		201806121	李勇
3	201806121	李勇		201806122	刘晨
4	201806121	李勇		201806123	王敏
5	201806122	刘晨		201806124	张雪莹
6	201806122	刘晨		201806126	陈永全
7	201806122	刘晨		201806127	刘光辉
8	201806123	王敏		201806128	张国栋
9	201806123	王敏		201806129	李鑫
10	201806124	张雪莹		201806130	王晶鑫
11	201806124	张雪莹			

图3.18　去掉重复项的查询

使用同样的方法，可以查询“哪些课程被学生选”。步骤如下。

步骤 1：在“学生选课表.xlsx”工作簿中增加一个新的工作表“查询被选课程”，并选中 A1 单元格。

步骤 2：点击“数据”菜单，在“获取和转换数据”组中选择“现有连接”按钮，在打开的“现有连接”窗口中点击“浏览更多...”按钮，在弹出的“选取数据源”窗口中选取“学生选课表.xlsx”所在的目录，并选择此文件，然后点击“打开”按钮。在弹出的“选择表格”窗口中选择“学生选课表$”后点击“确定”按钮。

步骤 3：在弹出的“导入数据”窗口中点击“属性”按钮，在此窗口中选择“定义”选项卡。清空“命令文本”框，键入如下 SQL 语句后点击“确定”按钮。

```
SELECT DISTINCT 选修课程
FROM [学生选课表$]
```

查询结果如图 3.19 所示，可以看到被选的课程只有三门课，重复选课的数据都已经删去了。

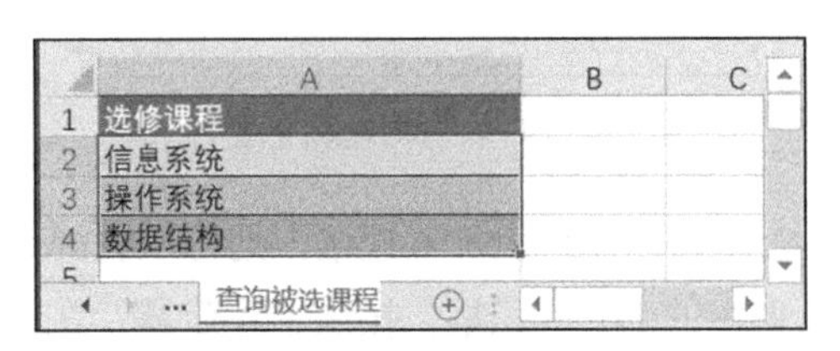

图 3.19　查询被选课程

小结

在 SQL 中既可以给表起别名，也可以给列起别名，其方法都是在表名或者列名的后面使用“AS 表别名”或者“AS 列别名”来定义。对于查询数据中包含重复数据的情况，可以在列名前加上“DISTINCT”短语去掉重复数据。但是在使用 DISTINCT 短语时需要注意，如果去掉的重复项涉及多个列，只需在第一列前加上 DISTINCT 即可，无需在每列前都加 DISTINCT。例如查询“选了课的所有学生的学号和姓名”的例子中，需要去掉重复项的数据包含了学号列和姓名列，但无需在每列前都加上 DISTINCT。因此，下面的写法是错误的：

```
SELECT DISTINCT 学号,DISTINCT 姓名
FROM [学生选课表$]
```

3.4　ORDER BY 子句的使用

为了在数据中发现一些明显的特征，或者找到事物发展的趋势和脉络，通常采用对数据进行排序的方法。另外，数据排序还有助于对数据检查纠错，还可以为重新归类或分组等提供方便。在 SQL 语句中使用 ORDER BY 子句可对查询出的结果进行排序。

在对数据进行排序时，可以指定一个关键词或者多个关键词进行排序。当不指定排序顺序时，默认按照升序（ASC）排列，如果要按照降序排列，则需指定 DESC 参数。ORDER BY 子句一般置于 SELECT 查询块的最后。

3.4.1　单列排序

单列排序指的是仅指定一个关键词排序，记录的排列顺序只依赖于某一列的值。单列排序中，将排序字段（列名）放在 ORDER BY 子句后。ASC 参数或者 DESC 参数置于排序字段之后。语法结构如下：

```
ORDER BY <列名> [ASC | DESC]
```

下面通过案例进行说明。

① 现有工作簿文件“期末考试成绩表.xlsx”，如图 3.20 所示。表中列出了每个学生的语文、数学和英语成绩。假如要按照语文成绩排序，应如何操作？步骤如下。

	A	B	C	D	E
1	学号	语文	数学	英语	
2	A01001	96	86	90	
3	A01002	89	85	95	
4	A01003	74	79	87	
5	A01004	89	85	79	
6	A01005	94	96	87	
7	A01006	69	97	67	
8	A01007	87	84	89	
9	A01008	89	89	75	
10	A01009	80	84	73	
11	A01010	85	90	94	
12	A01011	89	93	87	
13	A01012	95	79	68	
14	A01013	93	74	89	

期末考试成绩表

图 3.20　期末考试成绩表

步骤 1： 在“期末考试成绩表.xlsx”工作簿中增加一个工作表“按语文排序”，

并选中 A1 单元格。

步骤 2：点击“数据”菜单，在“获取和转换数据”组中选择“现有连接”按钮，在打开的“现有连接”窗口中点击“浏览更多...”按钮，在弹出的“选取数据源”窗口中选取“期末考试成绩表.xlsx”所在的目录，并选择此文件，然后点击“打开”按钮。在弹出的“选择表格”窗口中选择“期末考试成绩表$”后点击“确定”按钮。

步骤 3：在弹出的“导入数据”窗口中点击“属性”按钮，在此窗口中选择“定义”选项卡。清空“命令文本”框，键入如下 SQL 语句后点击“确定”按钮。

```
SELECT *
FROM [期末考试成绩表$]
ORDER BY 语文
```

查询结果如图 3.21 所示。通过查询结果可以看出，输出的结果按照语文的升序排列，这是因为 ORDER BY 子句后未加参数，默认按照升序排列，这与使用“ORDER BY 语文 ASC”的效果是等价的。

学号	语文	数学	英语
A01006	69	97	67
A01003	74	79	87
A01009	80	84	73
A01010	85	90	94
A01007	87	84	89
A01011	89	93	87
A01008	89	89	75
A01004	89	85	79
A01002	89	85	95
A01013	93	74	89
A01005	94	96	87
A01012	95	79	68
A01001	96	86	90

图 3.21 按语文排序查询结果

如果要使查询结果按照语文成绩的降序排列，则 SQL 语句应为：

```
SELECT *
FROM [期末考试成绩表$]
ORDER BY 语文 DESC
```

查询结果如图 3.22 所示。从结果可以看出，数据已经按照语文成绩降序排列了。

	A	B	C	D	E	F
1	学号	语文	数学	英语		
2	A01001	96	86	90		
3	A01012	95	79	68		
4	A01005	94	96	87		
5	A01013	93	74	89		
6	A01011	89	93	87		
7	A01008	89	89	75		
8	A01004	89	85	79		
9	A01002	89	85	95		
10	A01007	87	84	89		
11	A01010	85	90	94		
12	A01009	80	84	73		
13	A01003	74	79	87		
14	A01006	69	97	67		

按语文降序　St ...

图 3.22　按语文降序查询结果

② 对于通过 ORDER BY 子句查询后的数据，如果只查询位于最前端的多条记录或者按照一定占比的数据输出，则可以搭配 TOP 谓词来实现。TOP 谓词用来将排序结果的前 *n* 条记录或者将排序在前的一定比例的记录输出。TOP 谓词一般是和 ORDER BY 子句搭配使用，其语法为：

```
SELECT TOP n [PERCENT]
```

下面举例说明。

对于图 3.20 的“期末考试成绩表.xlsx”，现要查询总成绩排在前三名的学生信息，其步骤如下。

步骤 1：在“期末考试成绩表.xlsx”工作簿中增加一个新工作表“总成绩前三名”，并选中 A1 单元格。

步骤 2：点击“数据”菜单，在“获取和转换数据”组中选择“现有连接”按钮，在打开的“现有连接”窗口中点击“浏览更多...”按钮，在弹出的“选取数据源”窗口中选取“期末考试成绩表.xlsx”所在的目录，并选择此文件，然后点击“打开”按钮。在弹出的“选择表格”窗口中选择“期末考试成绩表$”后点击“确定”按钮。

步骤 3：在弹出的“导入数据”窗口中点击“属性”按钮，在此窗口中选择“定义”选项卡。清空“命令文本”框，键入如下 SQL 语句后点击“确定”按钮。

```
SELECT TOP 3 *,(语文+数学+英语) AS 总成绩
FROM [期末考试成绩表$]
ORDER BY 语文+数学+英语 DESC
```

查询结果如图 3.23 所示。

	A	B	C	D	E
1	总成绩	学号	语文	数学	英语
2	277	A01005	94	96	87
3	272	A01001	96	86	90
4	269	A01011	89	93	87
5	269	A01010	85	90	94
6	269	A01002	89	85	95

总成绩前三名

图 3.23　总成绩前三名查询结果

在此查询中，成绩高者排在最前，因此要按照降序排列，ORDER BY 后要使用 DESC 参数。由查询结果可以看出，有三名同学的总成绩并列第三位，系统默认将三条记录一并输出。

按照此方法，也可以查询总成绩排在前 50%的学生信息，步骤如下。

步骤 1：在"期末考试成绩表.xlsx"工作簿中增加一个新的工作表"总成绩前 50%"，并选中 A1 单元格。

步骤 2：点击"数据"菜单，在"获取和转换数据"组中选择"现有连接"按钮，在打开的"现有连接"窗口中点击"浏览更多…"按钮，在弹出的"选取数据源"窗口中选取"期末考试成绩表.xlsx"所在的目录，并选择此文件，然后点击"打开"按钮。在弹出的"选择表格"窗口中选择"期末考试成绩表$"后点击"确定"按钮。

步骤 3：在弹出的"导入数据"窗口中点击"属性"按钮，在此窗口中选择"定义"选项卡。清空"命令文本"框，键入如下 SQL 语句后点击"确定"按钮。查询结果如图 3.24 所示。

```
SELECT TOP 50 percent *,(语文+数学+英语) AS 总成绩
FROM [期末考试成绩表$]
ORDER BY 语文+数学+英语 DESC
```

	A	B	C	D	E
1	总成绩	学号	语文	数学	英语
2	277	A01005	94	96	87
3	272	A01001	96	86	90
4	269	A01011	89	93	87
5	269	A01010	85	90	94
6	269	A01002	89	85	95
7	260	A01007	87	84	89
8	256	A01013	93	74	89

总成绩前50%

图 3.24　总成绩前 50%查询结果

如果不使用 TOP 谓词，查询后表中共有 13 条记录，使用“TOP 50 percent”之后查询出前 50%的记录，即 6.5 条记录，系统会默认向上取整将记录输出，因此共输出 7 条记录。

3.4.2　多列排序

在针对单个字段进行排序时，如遇排序字段的取值有多个重复值的情况，可以通过增加排序字段数量，来更好地反映数据的内在联系。多个字段排序的语法如下：

```
ORDER BY <列名 1> [ASC | DESC][,<列名 2> [ASC | DESC]...]
```

对于图 3.20 所示的“期末成绩考试表.xlsx”，多个学生在对各科成绩求和后出现了总成绩相同的情况，排序时无法区分这些学生的差异。此时可以增加第二排序字段，例如增加“英语”成绩加以区分，当遇总成绩相同的学生时，会根据其英语成绩的高低进行排序；如遇总分相同且英语成绩也相同的情况，可以再增加第三排序字段——“语文”成绩，加以区分，依此类推。下面举例说明。

对于“期末考试成绩表.xlsx”，按照总成绩的降序排列，对于总成绩相同的记录，按照英语成绩的降序排列，步骤如下。

步骤 1：在“期末考试成绩表.xlsx”工作簿中增加一个新的工作表“多字段排序”，并选中 A1 单元格。

步骤 2：点击“数据”菜单，在“获取和转换数据”组中选择“现有连接”按钮，在打开的“现有连接”窗口中点击“浏览更多…”按钮，在弹出的“选取数据源”窗口中选取“期末考试成绩表.xlsx”所在的目录，并选择此文件，然后点击“打开”按钮。在弹出的“选择表格”窗口中选择“期末考试成绩表$”后点击“确定”按钮。

步骤 3：在弹出的“导入数据”窗口中点击“属性”按钮，在此窗口中选择“定义”选项卡。清空“命令文本”框并键入如下 SQL 语句，然后点击“确定”按钮。

```
SELECT *,(语文+数学+英语) AS 总成绩
FROM [期末考试成绩表$]
ORDER BY 语文+数学+英语 DESC,英语 DESC
```

查询结果如图 3.25 所示。

总成绩	学号	语文	数学	英语
277	A01005	94	96	87
272	A01001	96	86	90
269	A01002	89	85	95
269	A01010	85	90	94
269	A01011	89	93	87
260	A01007	87	84	89
256	A01013	93	74	89
253	A01004	89	85	79
253	A01008	89	89	75
242	A01012	95	79	68
240	A01003	74	79	87
237	A01009	80	84	73
233	A01006	69	97	67

图 3.25　多字段排序查询结果

从结果看，全部记录按照总成绩的降序排列，对于成绩相同的学生，如学号为 A01002、A01010、A01011 的三条记录，按照英语成绩的降序排列。

小结

ORDER BY 子句可以对查询结果进行排序，排序字段可以是单独一列，也可以是多列。如果对多个字段排序，字段之间要用逗号隔开。排列顺序默认为升序 ASC，当要降序排列时需要指定 DESC 参数。TOP 谓词用于取出排序结果的前 *n* 条或者排在前面一定比例的记录。TOP 谓词和 ORDER BY 子句搭配使用的语法结构为：

```
SELECT TOP n [PERCENT] 列名 1,列名 2……
FROM [表名]
ORDER BY 列名 1[ASC|DESC][,列名 2[ASC|DESC]...]
```

第 4 章 数据操作语句

数据操作又称为数据操纵，是指通过 SQL 语句对表中的数据进行插入、删除和修改等操作，包括 INSERT 语句、DELETE 语句和 UPDATE 语句。SELECT 语句实现的是对数据库的“读”操作，而数据操作语句实现的是对数据库的“写”操作。在 Excel 中如要使用数据操作语句 INSERT 和 UPDATE，必须通过“Microsoft Query”的方法；Excel 中无法使用 DELETE 语句，但可以使用其他方法替代 DELETE 的功能。

4.1 INSERT 数据插入语句

对于已经存在的表，往表中增加新数据的操作即为插入操作。数据插入用到的语句为 INSERT 语句。

4.1.1 INSERT 语句语法结构

INSERT 语句在插入数据时分为两种情况：一是将一行数据插入到已有的表中；二是将另外一个表中的多行数据批量插入到已有的表中。具体语法结构如下。

（1）插入一行数据

```
INSERT INTO <表名> [(列名1[,列名2[, ...]])] VALUES (列1值[,列2值[, ...]])
```

INSERT 语句中，<表名>是必选项，指明将要插入数据的表。表名后面的列名列表“[(列名 1[,列名 2[, ...]])]”是可选项，指的是插入数据时对应的列，即要往哪些列中插入新数据。VALUES 后面跟着列表值，是一系列的常量，指的是将要插入到列名列表中的值。这个值的数量和顺序必须和<表名>后的列名列表一致，否则将会出现语法错误。譬如，“列 1 值”将会插入到“列名 1”中，“列 2 值”将会插入到“列名 2”中，依此类推。

需要注意：

① 如果插入的数据包含了所有的列，也就是每一列都有对应的常量值，那么列名列表可以省略，但要注意顺序也要保持一致；

② 列名之间以及插入的值之间必须使用英文逗点分隔；

③ 如果插入的值是字符类型的，必须使用单引号（'）将其括起来。

（2）批量插入多行数据

如果要将一个表中的已有数据批量地插入到另一个表中，则可以使用 INSERT INTO SELECT 语句。其语法结构为：

```
INSERT INTO <表名1> [(列名1[,列名2[, ...]])]
SELECT *|[(列名1[,列名2[, ...]])]
FROM <表名2>
[WHERE <条件表达式> [AND|OR <条件表达式>...]]
```

上述 INSERT INTO SELECT 语句是将表 2 中查询到的数据插入到表 1 中。<表名 1>指的是将要插入新数据的表，<表名 2>指的是插入数据的来源。当要把表 2 中“所有列”都插入到表 1 中时，SELECT 后面使用通配符*。当要将表 2 中“某些列”的值插入到表 1 中的对应列时，<表名 1>和<表名 2>后面都要加上对应的列名列表“[(列名 1[,列名 2[, ...]])]”。当要将表 2 中“满足条件的行”插入到表 1 时，需要使用 WHERE 子句对表 2 进行筛选。

值得注意的是，INSERT INTO SELECT 语句是从表 2 中复制数据，然后把数据插入到表 1 中，表 2 中的原有数据不受影响。另外，只有表 1 和表 2 对应列上的数据类型一致时，才能将其插入，数据类型不一致时将会插入失败。

4.1.2 INSERT 语句的使用

下面针对 INSERT 插入数据的两种情况，分别举例说明。

现有工作簿文件“分季度销售报表.xlsx”，文件中包含两个工作表，分别为“一季度销售报表”和“二季度销售报表”，如图 4.1 和图 4.2 所示。两个表在列的数量和顺序上完全一致，且对应的列上取值类型也相同。现分别往“一季度销售报表”中插入单行数据和多行数据。

	A	B	C	D
1	销售区域	商品代码	商品名称	销售额（万）
2	华北	G01001	医用口罩	174
3	华北	G01002	颗粒物防护口罩	46
4	东北	G01003	舒适保暖口罩	46
5	西北	G01003	舒适保暖口罩	36
6	西北	G01002	颗粒物防护口罩	43
7	华东	G01002	颗粒物防护口罩	90
8	华中	G01001	医用口罩	125
9	华南	G01001	医用口罩	190
10	华南	G01002	颗粒物防护口罩	32
11	西南	G01001	医用口罩	146
12				

一季度销售报表

图 4.1　一季度销售报表

	A	B	C	D
1	销售区域	商品代码	商品名称	销售额（万）
2	华北	G01001	医用口罩	90
3	华北	G01002	颗粒物防护口罩	33
4	东北	G01002	颗粒物防护口罩	45
5	东北	G01001	医用口罩	69
6	西北	G01002	颗粒物防护口罩	56
7	华东	G01001	医用口罩	132
8	华东	G01002	颗粒物防护口罩	45
9	华中	G01001	医用口罩	135
10	华南	G01002	颗粒物防护口罩	32
11	西南	G01001	医用口罩	146
12				
13				
14				

图 4.2　二季度销售报表

在数据插入时，无法使用“通过‘现有连接’使用 SQL 语句”的方法，否则将会出现图 4.3 所示的提示信息。因此，数据插入时一般使用“通过‘Microsoft Query’使用 SQL 语句”的方法。

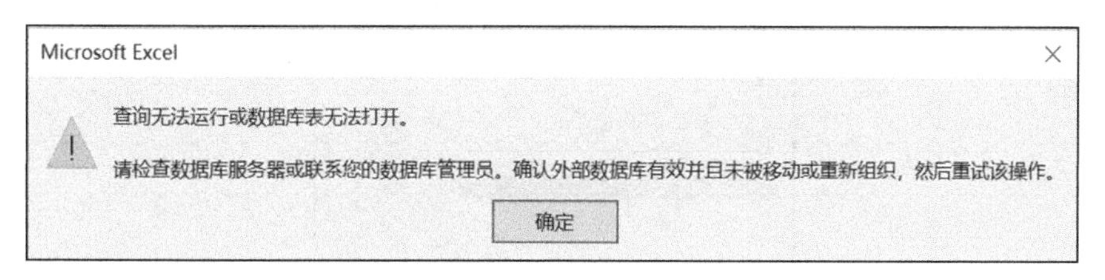

图 4.3　提示信息

（1）给出完整列值的数据插入

将('东北','G01001','医用口罩',78)这行数据插入到“一季度销售报表”中，步骤如下。

步骤 1： 打开工作簿文件“分季度销售报表.xlsx”，如图 4.1 所示，选中工作表“一季度销售报表”中的 A12 单元格，将数据插入到此位置。

步骤 2： 点击“数据”菜单，单击“获取数据”下拉菜单，选中“自其他源”菜单项，在其展开的菜单中选择“自 Microsoft Query”选项，此时打开“选择数据源”窗口，在“数据库”选项卡中选择“Excel Files*”选项，点击“确定”按钮。

步骤 3： 在打开的“选择工作簿”窗口中分别选择驱动器、目录，查找导入数据的位置，然后在左侧显示的列表中选中要导入的表“分季度销售报表.xlsx”，点击“确定”按钮，如图 4.4 所示。

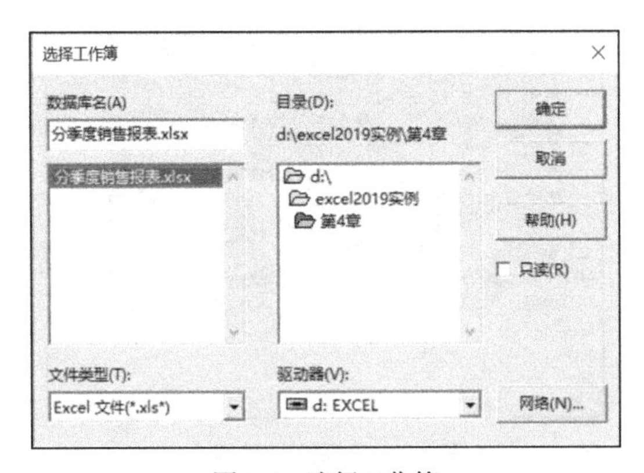

图 4.4　选择工作簿

步骤 4： 点击“确定”按钮后，会弹出“Microsoft Query”窗口，并在“Microsoft Query”窗口中弹出“添加表”对话框。在窗口中选中“一季度销售报表$”，见图 4.5，单击“添加”按钮，然后点击“关闭”按钮，关闭此对话框。

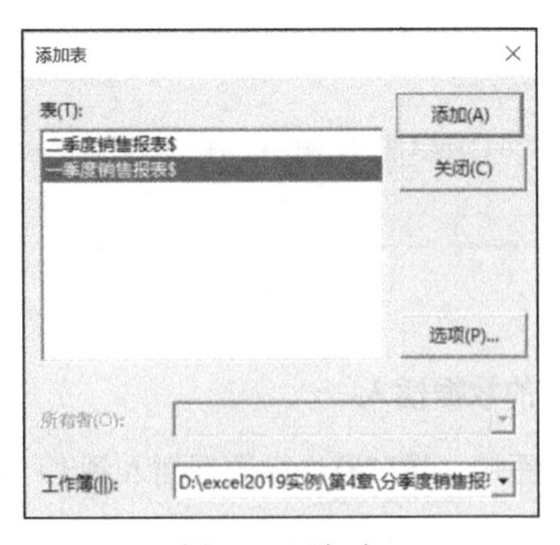

图 4.5　添加表

步骤 5：此时“一季度销售报表”出现在“Microsoft Query”窗口中，如图 4.6 所示。

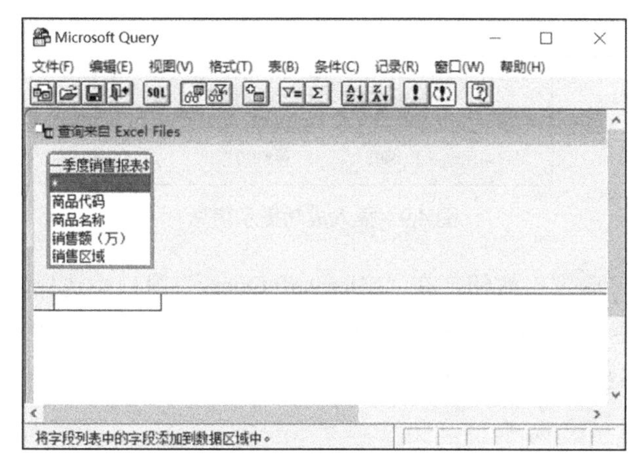

图 4.6　Microsoft Query 窗口

点击工具栏中的“SQL”按钮，即可以弹出“SQL”窗口，如图 4.7 所示。在“SQL 语句(S):”文本框中输入如下语句，并点击“确定”按钮。

```
INSERT INTO [一季度销售报表$]
VALUES('东北','G01001','医用口罩',78)
```

图 4.7　输入 INSERT 语句

此时会弹出如图 4.8 所示的提示信息，点击“确定”按钮。

图 4.8　提示信息

点击“确定”后，会弹出如图 4.9 所示的信息“已顺利执行 SQL 语句：1 行受影响。”，说明已经成功插入一条数据。

图 4.9　插入成功提示信息

继续点击“确定”按钮，在“Microsoft Query”窗口中选择“文件”菜单，点击“将数据返回 Microsoft Excel”命令，此时弹出如图 4.10 所示的提示信息。点击“是”，将会返回至 Excel 中。

图 4.10　退出“Microsoft Query”时的提示信息

返回 Excel 中，可以看到数据已经插入到表中的最后一行，如图 4.11 所示。

	A	B	C	D
1	销售区域	商品代码	商品名称	销售额（万）
2	华北	G01001	医用口罩	174
3	华北	G01002	颗粒物防护口罩	46
4	东北	G01003	舒适保暖口罩	46
5	西北	G01003	舒适保暖口罩	36
6	西北	G01002	颗粒物防护口罩	43
7	华东	G01002	颗粒物防护口罩	90
8	华中	G01001	医用口罩	125
9	华南	G01001	医用口罩	190
10	华南	G01002	颗粒物防护口罩	32
11	西南	G01001	医用口罩	146
12	东北	G01001	医用口罩	78

一季度销售报表

图 4.11　给出完整列值的数据插入

（2）给出部分列值的数据插入

在上例中，插入的数据('东北','G01001','医用口罩',78)包含 4 个常量，这与“一季度销售报表”的列在数量和顺序上是完全一致的。因此，在数据插入时，表名后的列名列表可以省略。当插入的数据和表中列名列表在数量和顺序上不完全一致时，则需在表名后加上对应的列名。譬如要将数据('西南','G01003','舒适保暖口罩')插入到表中，这三个常量对应表中的(销售区域,商品代码,商品名称)这三个列，具体步骤如下。

步骤 1： 打开工作簿文件“分季度销售报表.xlsx”，选中工作表“一季度销售报表”中的 A13 单元格，将数据插入到此位置。

步骤 2： 点击“数据”菜单，单击“获取数据”下拉菜单，选中“自其他源”菜单项，在其展开的菜单中选择“自 Microsoft Query”选项，此时打开“选择数据源”窗口，在“数据库”选项卡中选择“Excel Files*”选项，点击“确定”按钮。在打开的“选择工作簿”窗口中依次选择驱动器、目录，查找导入数据的位置，然后在左侧显示的列表中点击要导入的表“分季度销售报表.xlsx”，最后点击“确定”按钮。在弹出的“添加表”窗口中选中“一季度销售报表$”，单击“添加”按钮，然后点击“关闭”按钮，关闭此对话框。

步骤 3： 此时“一季度销售报表”出现在弹出的“Microsoft Query”窗口中。点击工具栏中的“SQL”按钮，在弹出“SQL”窗口中输入如下 SQL 语句，并点击“确定”按钮。

```
INSERT INTO [一季度销售报表$](销售区域,商品代码,商品名称)
VALUES('西南','G01003','舒适保暖口罩')
```

步骤 4： 此时会弹出如图 4.8 所示的提示信息，点击“确定”按钮后，也会弹出如图 4.9 所示的信息“已顺利执行 SQL 语句：1 行受影响。”，说明数据已经成功插入到表中。

步骤 5： 继续点击“确定”按钮，在“Microsoft Query”窗口中选择“文件”菜单，点击“将数据返回 Microsoft Excel”命令，此时弹出如图 4.10 所示的提示信息，提示“是否仍要退出？”。点击“是”，将会返回至 Excel 中。

返回到 Excel 中，可以看到新数据已经插入到表中，如图 4.12 所示。可以看到，因为新插入的数据没有给出“销售额（万）”的值，因此插入后的数据在此列上为空值。

（3）插入多行数据

插入数据时，在没有可靠数据来源的情况下，需要通过手动输入或者使用 INSERT 语句逐条输入数据；当已经存在一定数量的原始数据时，则可以通过 INSERT INTO SELECT 语句将来自其他数据源的数据查询出来，然后插入到一个表中。第二种数据插入方式一次可以插入多行数据，因此又称为批量插入。下面举例说明。

	A	B	C	D
1	销售区域	商品代码	商品名称	销售额（万）
2	华北	G01001	医用口罩	174
3	华北	G01002	颗粒物防护口罩	46
4	东北	G01003	舒适保暖口罩	46
5	西北	G01003	舒适保暖口罩	36
6	西北	G01002	颗粒物防护口罩	43
7	华东	G01002	颗粒物防护口罩	90
8	华中	G01001	医用口罩	125
9	华南	G01001	医用口罩	190
10	华南	G01002	颗粒物防护口罩	32
11	西南	G01001	医用口罩	146
12	东北	G01001	医用口罩	78
13	西南	G01003	舒适保暖口罩	

一季度销售报表

图 4.12　给出部分列值的数据插入

现将“二季度销售报表”的数据插入到“一季度销售报表”中，步骤如下。

步骤 1： 打开工作簿文件“分季度销售报表.xlsx”，选中工作表“一季度销售报表”中的 A14 单元格，将“二季度销售报表”中的数据插入到此位置。

步骤 2： 点击“数据”菜单，单击“获取数据”下拉菜单，选中“自其他源”菜单项，在其展开的菜单中选择“自 Microsoft Query”选项，此时打开“选择数据源”窗口，在“数据库”选项卡中选择“Excel Files*”选项，点击“确定”按钮。在打开的“选择工作簿”窗口中依次选择驱动器、目录，查找导入数据的位置，然后在左侧显示的列表中点击要导入的表“分季度销售报表.xlsx”，最后点击“确定”按钮。在弹出的“添加表”窗口中选中“一季度销售报表$”，单击“添加”按钮，然后点击“关闭”按钮，关闭此对话框。

步骤 3： 此时“一季度销售报表”出现在弹出的“Microsoft Query”窗口中。点击工具栏中的“SQL”按钮，在弹出“SQL”窗口中输入如下 SQL 语句，并点击“确定”按钮。

```
INSERT INTO [一季度销售报表$]
SELECT *
FROM [二季度销售报表$]
```

步骤 4： 此时会弹出如图 4.8 所示的提示信息，点击“确定”按钮后，会弹出如图 4.13 所示的信息“已顺利执行 SQL 语句：10 行受影响。”，说明“二季度销售报表”中的 10 行数据已经成功插入到“一季度销售报表”中。

图 4.13　插入成功提示

步骤 5：继续点击“确定”按钮，在“Microsoft Query”窗口中选择“文件”菜单，点击“将数据返回 Microsoft Excel”命令，此时弹出如图 4.10 所示的提示信息，提示“是否仍要退出？”。点击“是”，将会返回至 Excel 中。可以看到新数据已经插入到表中，如图 4.14 所示。

	A	B	C	D
1	销售区域	商品代码	商品名称	销售额（万）
2	华北	G01001	医用口罩	174
3	华北	G01002	颗粒物防护口罩	46
4	东北	G01003	舒适保暖口罩	46
5	西北	G01003	舒适保暖口罩	36
6	西北	G01002	颗粒物防护口罩	43
7	华东	G01002	颗粒物防护口罩	90
8	华中	G01001	医用口罩	125
9	华南	G01001	医用口罩	190
10	华南	G01002	颗粒物防护口罩	32
11	西南	G01001	医用口罩	146
12	东北	G01001	医用口罩	78
13	西南	G01003	舒适保暖口罩	
14	华北	G01001	医用口罩	90
15	华北	G01002	颗粒物防护口罩	33
16	东北	G01002	颗粒物防护口罩	45
17	东北	G01001	医用口罩	69
18	西北	G01002	颗粒物防护口罩	56
19	华东	G01001	医用口罩	132
20	华东	G01002	颗粒物防护口罩	45
21	华中	G01001	医用口罩	135
22	华南	G01002	颗粒物防护口罩	32
23	西南	G01001	医用口罩	146

一季度销售报表

图 4.14　插入多行数据

小结

在使用 INSERT 语句时，可以一次插入一行数据，也可以一次插入多行数据；插入的数据可以是一列，也可以是多列或者全部列。在最后一例中，插入来自其他表中的数据时，因为两个表的结构完全相同，所以 SQL 语句中使用了“SELECT *”，同时“[一季度销售报表$]”后也没有指明列名列表。但如果两个表的结构不完全相同，需要选择性地插入某些列时，“SELECT”和“[一季度销售报表$]”后都需要指明相应的列名。

4.2 UPDATE 数据更新语句

对于表中的已有数据，如要对其进行修改和更新，则要使用 UPDATE 语句。

4.2.1 UPDATE 语句语法结构

UPDATE 语句用于修改表中的数据，其语法结构如下：

```
UPDATE <表名>
SET <列名 1=更新后的值 1>[,<列名 2=更新后的值 2>[, ...]]
[WHERE <条件表达式> [AND|OR <条件表达式>...]]
```

使用 UPDATE 语句更新数据时，有三种情况：一是更新表中所有行的指定列值；二是更新表中某些行对应的列值；三是更新全部行或者指定行的一列或者多列的值。

其中，<表名>是必选项，是指将要被更新数据的表。SET 是 SQL 语句的保留字，后面跟着赋值表达式。赋值表达式“<列名=更新后的值>”指的是将“更新后的值”赋给指定的“列名”。“[WHERE <条件表达式> [AND|OR <条件表达式>...]]”是可选项，当使用 WHERE 时，先通过 WHERE 子句筛选出符合条件的行，然后对这些行上的指定列进行更新，不满足条件的行则不更新。如果没有 WHERE 子句，则默认对表中所有行的指定列进行更新。

4.2.2 UPDATE 语句的使用

下面举例说明如何使用 UPDATE 语句。

（1）更新表中全部行

对于图 4.2 所示的“二季度销售报表”，现将表中所有记录的“销售额（万）”上调 10 万，即每行的“销售额（万）”都要加 10，步骤如下。

步骤 1： 打开工作簿文件“分季度销售报表.xlsx”，选中工作表“二季度销售报表”，点击数据区域以外的任一单元格。

步骤 2： 点击“数据”菜单，单击“获取数据”下拉菜单，选中“自其他源”菜单项，在其展开的菜单中选择“自 Microsoft Query”选项，此时打开“选择数据源”窗口，在“数据库”选项卡中选择“Excel Files*”选项，点击“确定”按钮。在打开的“选择工作簿”窗口中依次选择驱动器、目录，查找导入数据的位置，然后在左侧显示的列表中点击要导入的表“分季度销售报表.xlsx”，最后点击“确定”按钮。在弹出的“添加表”窗口中选中“二季度销售报表$”，单击“添加”按钮，然后点击“关闭”按钮，关闭此对话框。

步骤 3：此时“二季度销售报表”出现在弹出的“Microsoft Query”窗口中。点击工具栏中的“SQL”按钮，在弹出“SQL”窗口中输入如下 SQL 语句，并点击“确定”按钮，如图 4.15 所示。

```
UPDATE [二季度销售报表$]
SET 销售额（万）=销售额（万）+10
```

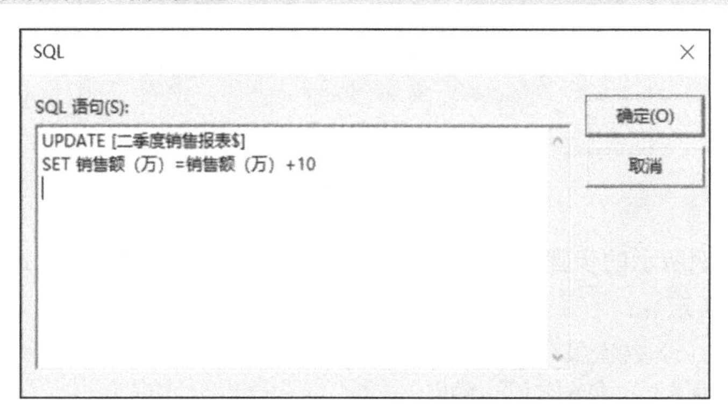

图 4.15　更新表中全部行的 SQL 语句

步骤 4：此时会弹出如图 4.8 所示的提示信息，点击“确定”按钮后，会弹出如图 4.16 所示的信息“已顺利执行 SQL 语句：10 行受影响。”，说明已经成功修改 10 条记录。

图 4.16　修改成功提示

步骤 5：继续点击“确定”按钮，在“Microsoft Query”窗口中选择“文件”菜单，点击“将数据返回 Microsoft Excel”命令，此时弹出“是否仍要退出？”的提示。点击“是”，返回至 Excel 中，可以看到原有的数据已经更改，“销售额（万）”列的值全部增加了 10，如图 4.17 所示。

（2）更新指定的行

在数据更新操作中，更多的时候只对满足条件的那些行进行更新，比如只对“华北”区域的“销售额（万）”上调 50 万，此时就要用到 WHERE 条件进行筛选，操作如下。

	A	B	C	D
1	销售区域	商品代码	商品名称	销售额（万）
2	华北	G01001	医用口罩	100
3	华北	G01002	颗粒物防护口罩	43
4	东北	G01002	颗粒物防护口罩	55
5	东北	G01001	医用口罩	79
6	西北	G01002	颗粒物防护口罩	66
7	华东	G01001	医用口罩	142
8	华东	G01002	颗粒物防护口罩	55
9	华中	G01001	医用口罩	145
10	华南	G01002	颗粒物防护口罩	42
11	西南	G01001	医用口罩	156
12				

二季度销售报表

图 4.17　更新表中全部行的结果

按照上例所示的步骤打开“Microsoft Query”窗口，并输入如下 SQL 语句（如图 4.18 所示）：

```
UPDATE [二季度销售报表$]
SET 销售额（万）=销售额（万）+50
WHERE 销售区域='华北'
```

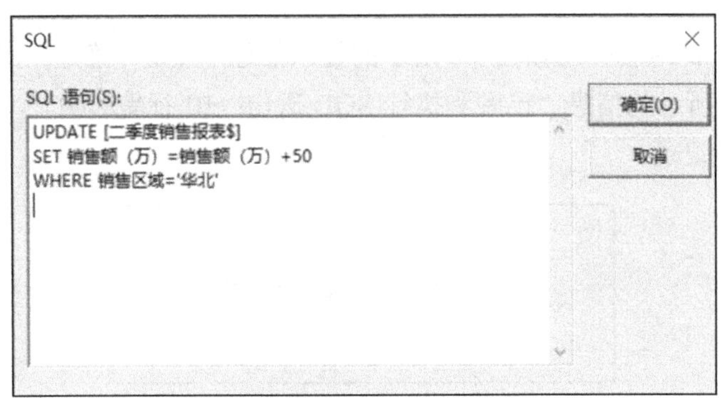

图 4.18　更新指定行的 SQL 语句

点击“确定”按钮，当出现如图 4.19 所示的提示信息时，说明销售区域为“华北”的两行数据已经被修改。

图 4.19　修改成功提示

修改后的数据表如图 4.20 所示。

	A	B	C	D
1	销售区域	商品代码	商品名称	销售额（万）
2	华北	G01001	医用口罩	150
3	华北	G01002	颗粒物防护口罩	93
4	东北	G01002	颗粒物防护口罩	55
5	东北	G01001	医用口罩	79
6	西北	G01002	颗粒物防护口罩	66
7	华东	G01001	医用口罩	142
8	华东	G01002	颗粒物防护口罩	55
9	华中	G01001	医用口罩	145
10	华南	G01002	颗粒物防护口罩	42
11	西南	G01001	医用口罩	156

二季度销售报表

图 4.20　更新指定行的结果

（3）更新指定的多个列

UPDATE 语句还可以一次对多个列的值进行更新。继续以图 4.20 所示的“二季度销售报表”为例，假设要将“商品名称”列全部更改为“非保暖口罩”，将“销售额（万）”全部更改为 100 万。此例中，要更新表中两个列，只需将两列赋值语句放在 SET 后，并用半角逗号隔开即可，操作如下。

按照前例所示的步骤打开“Microsoft Query”窗口，并输入如下 SQL 语句（如图 4.21 所示）：

```
UPDATE [二季度销售报表$]
SET 商品名称='非保暖口罩',销售额（万）=100
```

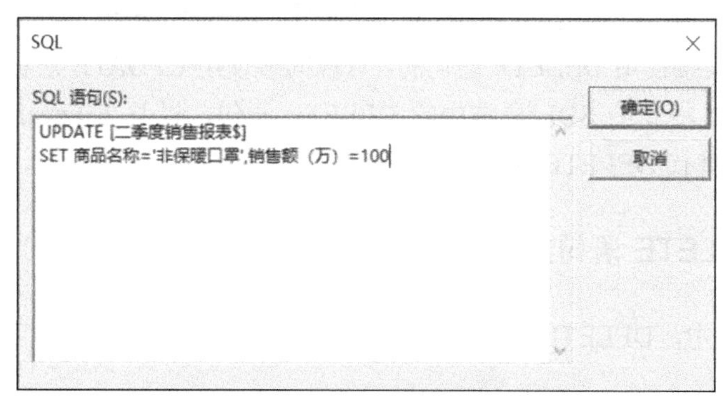

图 4.21　更新多个列值的 SQL 语句

点击“确定”按钮后，会弹出“已顺利执行 SQL 语句：10 行受影响。”的提示信息，说明已经成功修改 10 行数据。

返回到 Excel 后，可以看到“商品名称”和“销售额（万）”的列值都已经更新，如图 4.22 所示。

	A	B	C	D
1	销售区域	商品代码	商品名称	销售额（万）
2	华北	G01001	非保暖口罩	100
3	华北	G01002	非保暖口罩	100
4	东北	G01002	非保暖口罩	100
5	东北	G01001	非保暖口罩	100
6	西北	G01002	非保暖口罩	100
7	华东	G01001	非保暖口罩	100
8	华东	G01002	非保暖口罩	100
9	华中	G01001	非保暖口罩	100
10	华南	G01002	非保暖口罩	100
11	西南	G01001	非保暖口罩	100

二季度销售报表

图 4.22　更新多个列后的结果

小结

在使用 UPDATE 语句修改数据时，可以对表中所有行的某列数据进行更新，也可以只针对某些行的特定列进行更新，同时还可以一次对多列的值进行更新。另外，本节简单介绍了 WHERE 子句，在第 5 章中将会详细介绍其使用方法，在这里不再赘述。

4.3　DELETE 数据删除语句

在 SQL 中，当要删除表中的行时，要使用 DELETE 语句。但在 SQL in Excel 中，是无法直接使用 DELETE 语句的，只能间接使用 UPDATE 来实现数据的删除。本节中，将介绍 SQL 语法中的 DELETE 语句，以及在 Excel 中如何使用 UPDATE 来替代 DELETE 的用法。

4.3.1　DELETE 语句语法结构

在 SQL 中，DELETE 语句用于删除表中的行，其语法结构如下：

```
DELETE
FROM <表名>
[WHERE <条件表达式> [AND|OR <条件表达式>...]]
```

使用 DELETE 语句删除行时，有两种情况，一是删除表中所有行；二是删除表中满足条件的行。其中，<表名>是必选项，是指将要被删除行的表。“[WHERE <条件表达式> [AND|OR <条件表达式>...]]”为可选项。当要删除满足一定条件的行时，需要加上 WHERE 条件表达式，当要删除表中所有行时，

则省略 WHERE 语句。

4.3.2　DELETE 语句的使用

下面举例说明 DELETE 语句的使用。

（1）在 Excel 中验证 DELETE 语句的可用性

对于图 4.1 所示的“一季度销售报表”，现要删除表中所有的行。

步骤 1： 打开工作簿文件“分季度销售报表.xlsx”，选中工作表“一季度销售报表”。

步骤 2： 点击“数据”菜单，单击“获取数据”下拉菜单，选中“自其他源”菜单项，在其展开的菜单中选择“自 Microsoft Query”选项，此时打开“选择数据源”窗口，在“数据库”选项卡中选择“Excel Files*”选项，点击“确定”按钮。在打开的“选择工作簿”窗口中依次选择驱动器、目录，查找导入数据的位置，然后在左侧显示的列表中点击要导入的表“分季度销售报表.xlsx”，最后点击“确定”按钮。在弹出的“添加表”窗口中选中“一季度销售报表$”。单击“添加”按钮，然后点击“关闭”，关闭此对话框。

步骤 3： 此时“一季度销售报表”出现在弹出的“Microsoft Query”窗口中。点击工具栏中的“SQL”按钮，在弹出“SQL”窗口中输入如下 SQL 语句，如图 4.23 所示，并点击“确定”按钮。

```
DELETE
FROM [一季度销售报表$]
```

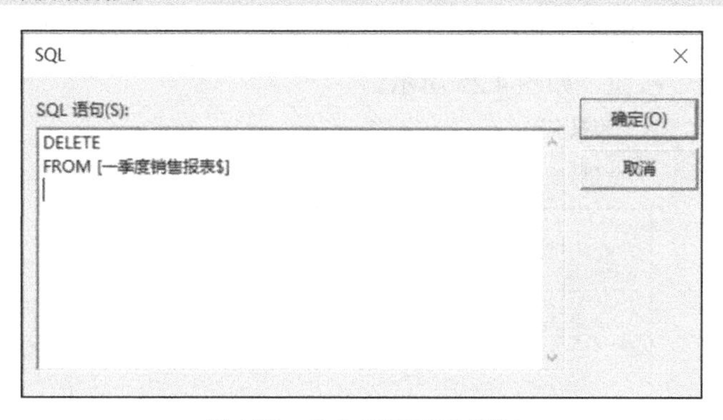

图 4.23　输入 DELETE 语句

点击“确定”按钮后，会出现图 4.24 所示的提示信息。这说明在 Excel 中，是无法通过“Microsoft Query”来使用 DELETE 语句的。

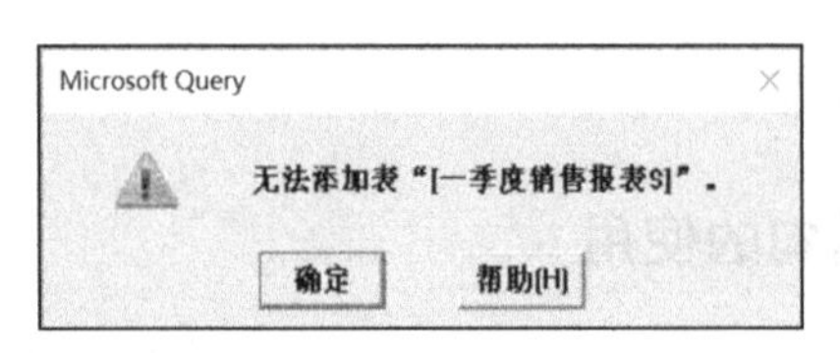

图 4.24　无法使用 DELETE 语句的提示

（2）DELETE 语句的替代用法

虽然无法使用 DELETE 语句来删除表中的行，但是可以使用 UPDATE 语句将单元格的数据置成空值，达到清空单元格的目的。下面举例说明。

对于图 4.22 所示的“二季度销售报表”，使用 UPDATE 语句将数据全部清空，步骤如下。

步骤 1：打开工作簿文件“分季度销售报表.xlsx”，选中工作表“二季度销售报表”。

步骤 2：点击“数据”菜单，单击“获取数据”下拉菜单，选中“自其他源”菜单项，在其展开的菜单中选择“自 Microsoft Query”选项，此时打开“选择数据源”窗口，在“数据库”选项卡中选择“Excel Files*”选项，点击“确定”按钮。在打开的“选择工作簿”窗口中依次选择驱动器、目录，查找导入数据的位置，然后在左侧显示的列表中点击要导入的表“分季度销售报表.xlsx”，最后点击“确定”按钮。在弹出的“添加表”窗口中选中“二季度销售报表$”。单击“添加”按钮，然后点击“关闭”，关闭此对话框。

步骤 3：此时“二季度销售报表”出现在弹出的“Microsoft Query”窗口中。点击工具栏中的“SQL”按钮，在弹出“SQL”窗口中输入如下 SQL 语句，并点击“确定”按钮，如图 4.25 所示。

```
UPDATE [二季度销售报表$]
SET 商品代码=NULL,商品名称=NULL,销售额（万）=NULL,销售区域=NULL
```

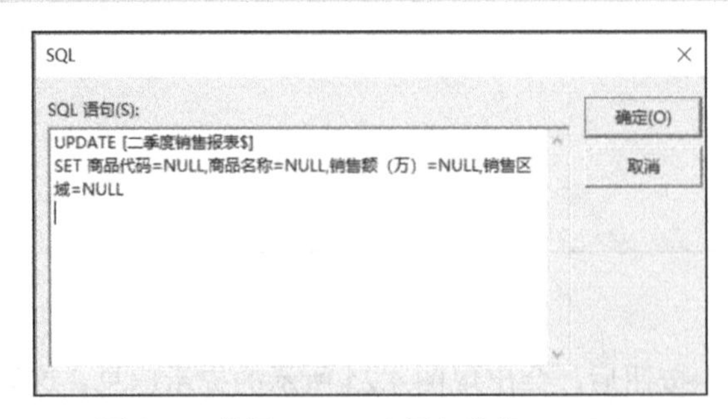

图 4.25　使用 UPDATE 语句替代 DELETE

此时会弹出如图 4.8 所示的提示信息，点击“确定”按钮后，会弹出“已顺利执行 SQL 语句：10 行受影响。”的提示信息，说明已经成功更新 10 条数据。

返回 Excel 中，可以看到“二季度销售报表”所有数据全部被清除了，如图 4.26 所示。

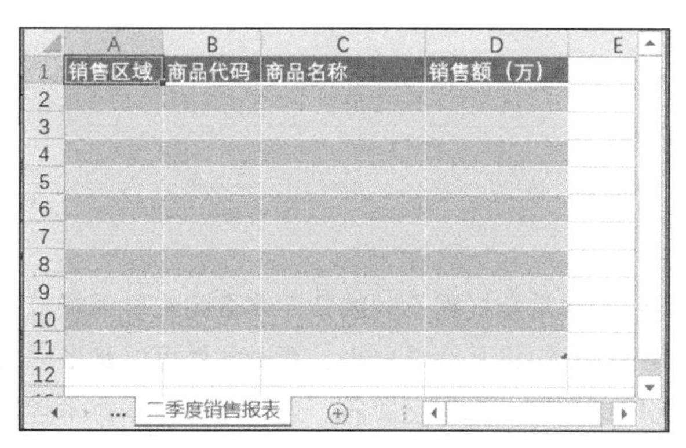

图 4.26　使用 UPDATE 语句替代 DELETE 的运行结果

NULL 的含义为空值，即单元格内是没有确切值的。NULL 是个不确定的值，因此它与值为零（“0”）或者包含空格的单元格是不同的。

小结

在 SQL in Excel 中无法使用 DELETE 语句对行进行删除，但是可以通过 UPDATE 语句将单元格的值清空。清空的过程实际上是将单元格的值置为空值（NULL）的过程。需要注意的是，空值不是“0”或者空格，而是不确定的值。

第 5 章 运算符的使用

SQL 在使用中，常常会根据不同的条件来查询或更新指定的数据。这些数据需要使用 WHERE 子句将其筛选出来。筛选条件可以是多样的和复杂的，要配合 SQL 中的比较运算符、逻辑运算符、连接运算符和算术运算符来使用。本章将详细论述 WHERE 子句及其运算符的使用。

5.1 WHERE 子句的语法和作用

在第 3 章 SELECT 语句以及第 4 章 UPDATE 语句的使用讲解中，已经介绍了 WHERE 子句的用法。本节将详细说明其使用场景及语法结构。

在使用 SELECT 进行数据查询、使用 UPDATE 进行数据更新、使用子查询实现嵌套查询等操作时，如果要求涉及的数据必须满足一定的条件，那么可以使用 WHERE 子句对这些数据进行筛选和定位。因此，WHERE 子句的作用是查找数据源中满足条件的行。

要筛选出这些行，必须要指明一个筛选条件，即给出一个“条件表达式”。当“条件表达式”为真时说明满足了筛选条件，相应的行将会被筛选出来放入查询结果中。WHERE 子句的语法结构如下：

```
……
[WHERE <条件表达式> [AND|OR <条件表达式>...]]
```

其中，<条件表达式>为筛选条件，是必选项。条件表达式可以有一个，也可以有多个。根据筛选条件的多少以及条件之间的逻辑关系来选择是否使用[AND|OR <条件表达式>...]。当要求多个条件同时满足时，使用连接运算符“AND”连接不同的条件；当多个条件只要满足其一即可时，使用连接运算符“OR”连接不同的条件。

5.2　比较运算符

当 WHERE 子句中通过值的大小关系来判断是否满足条件时，需要用比较运算符。

5.2.1　比较运算符简介

比较运算符是 SQL 查询中最常见的一种运算符，主要用来判断运算对象的大小关系。其语法结构如下：

```
WHERE <列名><比较运算符><比较值>
```

其中，“<列名>”“<比较运算符>”和“<列值>”都是必选项，当某一行中“列名”对应的列值和“比较值”之间满足“比较运算符”指定的大小关系时，比较表达式的值为真，将把此行放入结果中。否则，此行将被舍弃。

SQL 中的比较运算符及其含义如表 5.1 所示。

表 5.1　比较运算符及其含义

运算符	含义
=	用于判断左侧列值和右侧比较值是否相等，如果相等则条件为真
<>	用于判断左侧列值和右侧比较值是否不相等，如果不相等则条件为真
>	用于判断左侧列值是否大于右侧比较值，如果大于则条件为真
<	用于判断左侧列值是否小于右侧比较值，如果小于则条件为真
>=	用于判断左侧列值是否大于等于右侧比较值，如果大于等于则条件为真
<=	用于判断左侧列值是否小于等于右侧比较值，如果小于等于则条件为真

5.2.2　比较运算符的使用

比较运算符在使用过程中，因为<比较值>的数据类型不同，因而会有使用细节上的差异。但是 Excel 中并没有对数据类型进行明确的设置，SQL 会根据单元格中的数据进行基本的判断，从而确定某种数据类型。下面使用 SELECT 语句来详细说明。

（1）等号运算符（“=”）的使用

等号运算符是比较运算符中使用频率最高的一种运算符，用于设定指定的

“列名”的列值和“比较值”之间是否相等。

现有如图 5.1 所示的“员工信息表”，现在要求查询姓名为“李梅”的员工信息。在 SQL in Excel 中，<比较值>如果是文本值，应在值的两边加上英文状态下（半角）的单引号或者双引号。在此查询中，比较值“李梅”是字符类型，因此需要使用单引号或者双引号括起来。步骤如下。

	A	B	C	D
1	工号	姓名	部门（合同为准）	入职时间
2	A1001	刘强	销售部	2013/5/30
3	A1002	王梦雪	销售部	2014/2/2
4	A1003	李华东	销售部	2015/2/6
5	B1001	李梅	采购部	2012/4/24
6	B1002	华东强	采购部	2012/3/27
7	B1003	陈庆	采购部	2015/4/7
8	B1004	黄华明	采购部	2016/3/28
9	C1001	宗美丽	售后部	2012/1/26
10	C1002	郑香梅	售后部	2013/9/23
11	C1003	齐正丽	售后部	2014/7/30
12	C1004	龚正平	售后部	2015/10/21
13				

员工信息表

图 5.1　员工信息表

步骤 1：在“员工信息表.xlsx”工作簿中增加一个新的工作表“查询字符类型”，并选中 A1 单元格。

步骤 2：点击“数据”菜单，在“获取和转换数据”组中选择“现有连接”按钮，在打开的“现有连接”窗口中点击“浏览更多...”按钮，在弹出的“选取数据源”窗口中选取“员工信息表.xlsx”所在的目录，并选择此文件，然后点击“打开”按钮。在弹出的“选择表格”窗口中选择“员工信息表$”后点击“确定”按钮。

步骤 3：在弹出的“导入数据”窗口中点击“属性”按钮，在此窗口中选择“定义”选项卡。清空“命令文本”框，键入如下 SQL 语句后点击“确定”按钮。

```
SELECT *
FROM [员工信息表$]
WHERE 姓名='李梅'
```

查询结果如图 5.2 所示。

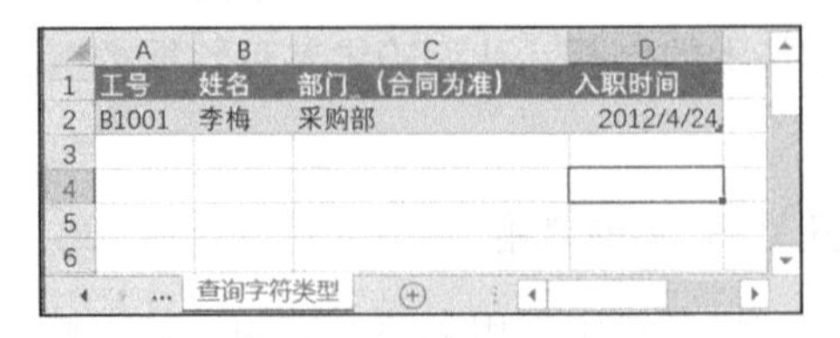

	A	B	C	D
1	工号	姓名	部门（合同为准）	入职时间
2	B1001	李梅	采购部	2012/4/24
3				
4				
5				
6				

查询字符类型

图 5.2　比较运算符的使用之一

通过结果可以看出，只有姓名为“李梅”的行被查询出来。另外，SELECT 后面使用了通配符*，所以此行所有的列都被查询了出来。

对于字符类型的文本，除了可以使用单引号引起来，也可以使用双引号达到相同的查询结果。如下所示的 SQL 语句，和使用单引号的结果是相同的。需要注意的是，无论使用单引号还是双引号，都要在半角状态下输入。

```
SELECT *
FROM [员工信息表$]
WHERE 姓名="李梅"
```

另外，在 SQL in Excel 中，文本类型中的字母是不区分大小写的。例如，要查询“工号”为“B1002”员工的工号和姓名，其步骤如下。

步骤 1： 在“员工信息表.xlsx”工作簿中选中“查询字符类型”工作表的 A4 单元格，把新查询的数据插入到此处。

步骤 2： 点击“数据”菜单，在“获取和转换数据”组中选择“现有连接”按钮，在打开的“现有连接”窗口中点击“浏览更多...”按钮，在弹出的“选取数据源”窗口中选取“员工信息表.xlsx”所在的目录，并选择此文件，然后点击“打开”按钮。在弹出的“选择表格”窗口中选择“员工信息表$”后点击“确定”按钮。

步骤 3： 在弹出的“导入数据”窗口中点击“属性”按钮，在此窗口中选择“定义”选项卡。清空“命令文本”框，键入如下 SQL 语句后点击“确定”按钮。查询结果如图 5.3 所示。

```
SELECT 工号,姓名
FROM [员工信息表$]
WHERE 工号='B1002'
```

图 5.3　比较运算符的使用之二

由查询结果可以看出，符合条件的记录只有一行，因此只有一条记录被查询出来。另外，因为 SELECT 后面指定了列名，因此只查询出了“工号”和“姓名”两列。

此例中，还可以将条件中的大写字母替换成小写字母，即 SQL 语句改为：

```
SELECT 工号,姓名
FROM [员工信息表$]
WHERE 工号='b1002'
```

查询结果插入到了 A7 单元格，如图 5.4 所示。

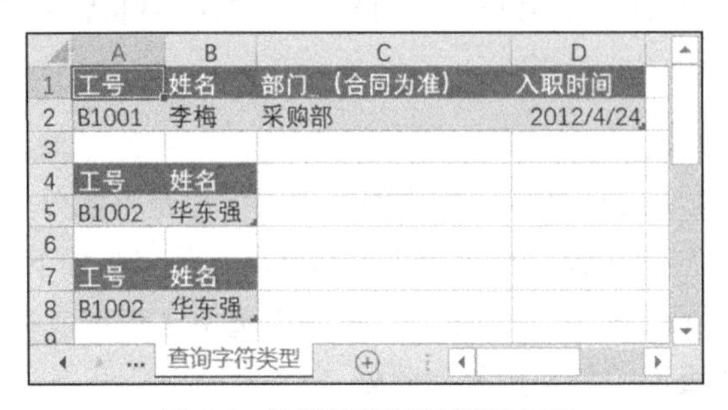

	A	B	C	D
1	工号	姓名	部门（合同为准）	入职时间
2	B1001	李梅	采购部	2012/4/24
3				
4	工号	姓名		
5	B1002	华东强		
6				
7	工号	姓名		
8	B1002	华东强		

图 5.4　比较运算符的使用之三

由查询结果可以看出，当条件表达式中含有字母时，不论字母是大写或者小写，均可以获得相同的查询结果。

（2）大于、小于（“>”“<”）以及大于等于、小于等于（“>=”“<=”）运算符的使用

当查询条件中不是一个确切的值，而是给出一个条件区域时，需要用到大于、小于（“>”“<”）以及大于等于、小于等于（“>=”“<=”）运算符。

对于如图 5.1 所示的“员工信息表.xlsx”，假设现在要求查询在 2015 年 2 月 1 日后入职的员工信息。此例中，查询条件涉及的列“入职时间”为日期类型的数据。在 SQL in Excel 中，若要查询日期或者时间类型的数据时，需要在<比较值>的两端加上井字符号（“#”），年月日之间可以用“-”分隔，也可以用“/”分隔。

对日期型数据书写查询条件时，要根据不同的要求使用对应的比较运算符。举例如下：

① 查询在 2015 年 2 月 1 日之后，使用“WHERE 入职时间>#2015-02-01#”；

② 查询在 2015 年 2 月 1 日之后（包括当天），使用“WHERE 入职时间>=#2015-02-01#”；

③ 查询在 2015 年 2 月 1 日之前，使用“WHERE 入职时间<#2015-02-01#”；

④ 查询在 2015 年 2 月 1 日之前（包括当天），使用“WHERE 入职时间<=#2015-02-01#”。

在日期常量中包含“年”“月”“日”等信息，可以有多种表示方法。中国在使用日期时，通常使用“年-月-日”的顺序，但是其他国家则不尽相同，既有“月-日-年”，也有“日-月-年”。因此“2015 年 2 月 1 日”的表示方法可以有以下几种：

① #2015-02-01#

② #2015/02/01#

③ #02-01-2015#

④ #02/01/2015#

⑤ #01-02-2015#

⑥ #01/02/2015#

在后面四种的表达方法中，“月”和“日”放在了“年”之前，但是无法判断是“1 月 2 日”还是“2 月 1 日”。为了避免混淆，SQL in Excel 规定“月”总是放在“日”之前。因此，要表示“2015 年 2 月 1 日”应该使用以下四种方式：

① #2015-02-01#

② #2015/02/01#

③ #02-01-2015#

④ #02/01/2015#

以下为查询的详细步骤。

步骤 1：在“员工信息表.xlsx”工作簿中新建工作表“查询日期类型”，选中 A1 单元格，把新查询的数据插入到此位置。

步骤 2：点击“数据”菜单，在“获取和转换数据”组中选择“现有连接”按钮，在打开的“现有连接”窗口中点击“浏览更多...”按钮，在弹出的“选取数据源”窗口中选取“员工信息表.xlsx”所在的目录，并选择此文件，然后点击“打开”按钮。在弹出的“选择表格”窗口中选择“员工信息表$”后点击“确定”按钮。

步骤 3：在弹出的“导入数据”窗口中点击“属性”按钮，在此窗口中选择“定义”选项卡。清空“命令文本”框，键入如下 SQL 语句后点击“确定”按钮。

```
SELECT *
FROM [员工信息表$]
WHERE 入职时间>#2015-02-01#
```

查询结果如图 5.5 所示。

	A	B	C	D
1	工号	姓名	部门_（合同为准）	入职时间
2	A1003	李华东	销售部	2015/2/6
3	B1003	陈庆	采购部	2015/4/7
4	B1004	黄华明	采购部	2016/3/28
5	C1004	龚正平	售后部	2015/10/21
6				

查询日期类型

图 5.5　比较运算符的使用之四

以上 SQL 语句还可以将 WHERE 子句修改为："WHERE 入职时间 >#02-01-2015#"，可以获得相同的查询结果。

（3）不等于（"<>"）运算符的使用

不等于运算符是等号运算符的反运算，只有指定的"列名"的列值和"比较值"不相等时才为真。不等于和等于两者运算的并集即为完整的数据源数据。

对于图 5.1 所示的"员工信息表.xlsx"，假设现在要求查询非"销售部"的员工信息，即查询"部门（合同为准）"列值不等于"销售部"的行。"不等于"的查询条件可以使用比较运算符"< >"来表达。

另外，从图 5.1 中可以看出，对于涉及的列——"部门（合同为准）"，"部门"和"（合同为准）"两字符串之间有一个由"Alt+F10"组合键生成的换行符，这种换行符在 SQL 中要用下划线"_"来表示。

在 3.1 节中曾经论述过，如果列名中出现了圆括号等特殊字符时，在 SQL 语句中要使用方括号"[ ]"或者重音符"`"将其括起来。因此，在引用"部门（合同为准）"列时，也需将其括起来。

详细步骤如下。

步骤 1： 在"员工信息表.xlsx"工作簿中增加一个新的工作表"查询带有换行符的列"，并选中 A1 单元格。

步骤 2： 点击"数据"菜单，在"获取和转换数据"组中选择"现有连接"按钮，在打开的"现有连接"窗口中点击"浏览更多…"按钮，在弹出的"选取数据源"窗口中选取"员工信息表.xlsx"所在的目录，并选择此文件，然后点击"打开"按钮。在弹出的"选择表格"窗口中选择"员工信息表$"后点击"确定"按钮。

步骤 3： 在弹出的"导入数据"窗口中点击"属性"按钮，在此窗口中选择“定义”选项卡。清空“命令文本”框，键入如下 SQL 语句，点击“确定”按钮。

```
SELECT *
FROM [员工信息表$]
WHERE [部门_(合同为准)]<>"销售部"
```

查询结果如图 5.6 所示。

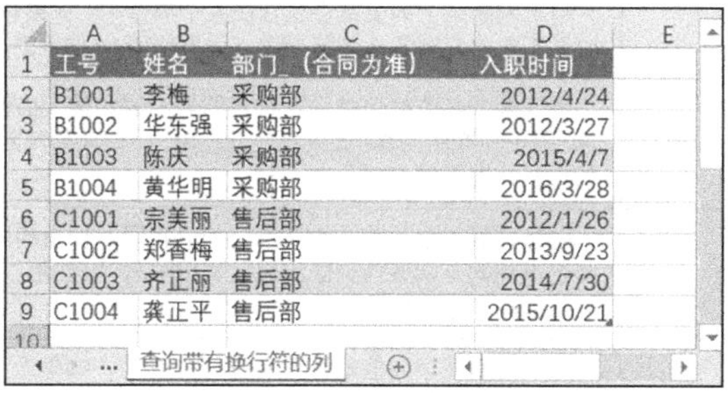

	A	B	C	D	E
1	工号	姓名	部门_(合同为准)	入职时间	
2	B1001	李梅	采购部	2012/4/24	
3	B1002	华东强	采购部	2012/3/27	
4	B1003	陈庆	采购部	2015/4/7	
5	B1004	黄华明	采购部	2016/3/28	
6	C1001	宗美丽	售后部	2012/1/26	
7	C1002	郑香梅	售后部	2013/9/23	
8	C1003	齐正丽	售后部	2014/7/30	
9	C1004	龚正平	售后部	2015/10/21	
10					

查询带有换行符的列

图 5.6 比较运算符的使用之五

由以上查询结果可以看出，只有“采购部”和“售后部”的员工信息被查询出来，而“销售部”的员工信息全部被舍弃了。如果将这个查询结果和“查询销售部的员工信息”的结果集合并起来，将会得出整个“员工信息表”数据。

小结

比较运算符用来比较指定列的列值和给出的比较值之间的大小关系。当符合大小关系时，结果为真；不符合时，结果为假。比较时要根据比较值的数据类型，给出正确的数据格式。

5.3 逻辑运算符

逻辑运算符包括 BETWEEN…AND…，IS NULL，IN，LIKE 等，常常用来进行特殊条件的判断。

5.3.1 逻辑运算符简介

在查询中对于条件的判断如果涉及特殊情形，例如判断取值是否在一定的范围、是否为空值、是否在一个集合中以及对字符串进行模糊匹配时，这些特殊的判断无法使用比较运算符来实现，必须借助逻辑运算符。

逻辑运算符的含义详见表 5.2。

表 5.2　逻辑运算符

运算符	含义
（NOT）IN	用于判断某个列值是否包含在某个集合中，如果包含，则条件判断为真；如果不包含，则条件判断为假。如果使用 NOT，则判断结果正好相反
（NOT）BETWEEN…AND…	用于判断某个列值是否在给定的最小值和最大值范围内，如果在此范围内，则条件判断为真；如果不在此范围内，则条件判断为假。如果使用 NOT，则判断结果正好相反
IS（NOT）	用于判断某个列值是否和给定的值相同，如果相同，则条件判断为真；如果不相同，则条件判断为假。其用法与“=”相似。如果使用 NOT，则判断结果正好相反
IS（NOT）NULL	用于判断某个列值是否为空值（NULL），如果为空则条件判断为真；如果不为空则条件判断为假。如果使用 NOT，则判断结果正好相反
（NOT）LIKE	用于判断某个列值是否和给定的字符串相类似，如果匹配，则条件判断为真；如果不匹配，则条件判断为假。如果使用 NOT，则判断结果正好相反

5.3.2　逻辑运算符的使用

不同的逻辑运算符其含义不同，可以根据实际查询要求，选择合适的运算符用于条件判断。下面举例说明。

（1）逻辑运算符“（NOT）IN”的使用

逻辑运算符“IN”用于判断某个列值是否包含在某个集合中，如果包含，则条件判断为真；如果不包含，则条件判断为假。如果使用 NOT，则判断结果正好相反。

其语法结构如下：

```
WHERE <列名> [NOT] IN <(集合)>
```

<列名>为必选项，指的是要判断其值是否在<(集合)>中。<(集合)>也是必选项，可以是多个常量值的集合，也可以是一个子查询。当<(集合)>包含多个常量值时，每个值之间用逗号隔开。对于 IN 引导的子查询，详见第 8 章。[NOT]是可选项，在判断“不在此集合”时使用。

现有如图 5.7 所示的“工人排班表.xlsx”，现在要求查询排在“早班”和“中班”的员工工号。在这个查询中，“早班”和“中班”信息都在“班次”这列中，

也就是查询“班次”列的值在“早班”和“中班”这两个常量值组成的集合里。因此，可以使用 IN 运算符，详细步骤如下。

	A	B	C	D
1	工号	班次	操作区	
2	A010	早班	一区	
3	A003	早班	五区	
4	A029	早班	四区	
5	C012	早班	一区	
6	B030	中班	三区	
7	B042	中班	五区	
8	B003	中班	六区	
9	A010	中班	一区	
10	C012	晚班	一区	
11	C013	晚班	二区	
12	C017	晚班	二区	
13	C015	晚班	三区	

工人排班表

图 5.7　工人排班表

步骤 1： 在“工人排班表.xlsx”工作簿中增加一个新的工作表“IN 的使用”，并选中 A1 单元格。

步骤 2： 点击“数据”菜单，在“获取和转换数据”组中选择“现有连接”按钮，在打开的“现有连接”窗口中点击“浏览更多…”按钮，在弹出的“选取数据源”窗口中选取“工人排班表.xlsx”所在的目录，并选择此文件，然后点击“打开”按钮。在弹出的“选择表格”窗口中选择“工人排班表$”后点击“确定”按钮。

步骤 3： 在弹出的“导入数据”窗口中点击“属性”按钮，在此窗口中选择“定义”选项卡。清空“命令文本”框并键入如下 SQL 语句，点击“确定”按钮。

```
SELECT 工号
FROM [工人排班表$]
WHERE 班次 IN ('早班','中班')
```

查询结果如图 5.8 所示。

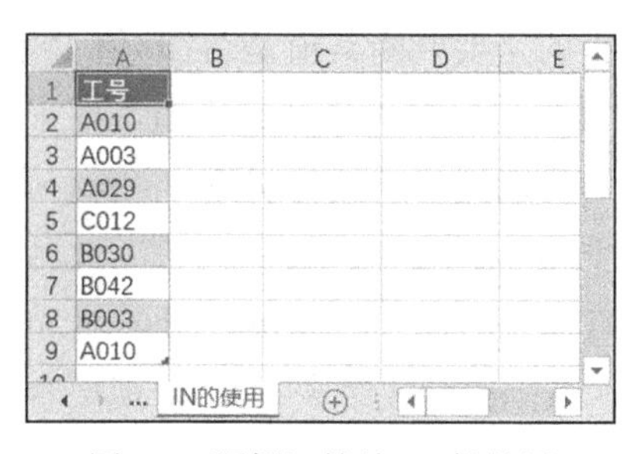

	A	B	C	D	E
1	工号				
2	A010				
3	A003				
4	A029				
5	C012				
6	B030				
7	B042				
8	B003				
9	A010				

IN的使用

图 5.8　逻辑运算符 IN 的使用

由查询结果可以看出，“早班”和“中班”一共排了 8 人次，其中工号“A010”的员工出现了两次，因为两个班次都安排了此员工。如要去掉此类重复项，可以使用 DISTINCT 短语。在工作表“IN 的使用”中选中 B1 单元格，按照上例步骤在“命令文本”框中键入如下 SQL 语句，点击“确定”按钮。

```
SELECT DISTINCT 工号
FROM [工人排班表$]
WHERE 班次 IN ('早班','中班')
```

查询结果如图 5.9 所示。

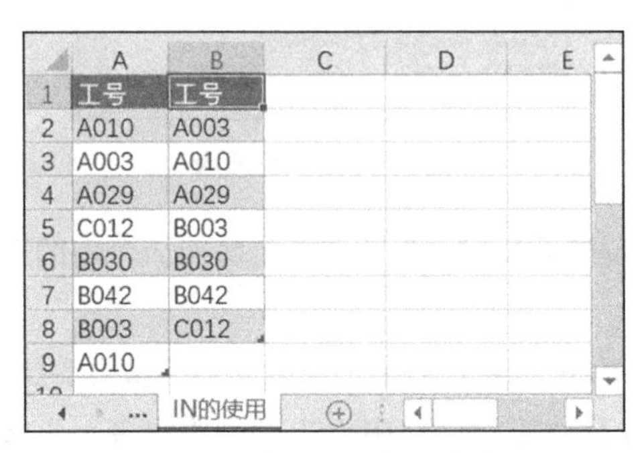

	A	B	C	D	E
1	工号	工号			
2	A010	A003			
3	A003	A010			
4	A029	A029			
5	C012	B003			
6	B030	B030			
7	B042	B042			
8	B003	C012			
9	A010				

图 5.9　去掉重复项的查询结果

从结果可以看出，由于使用 DISTINCT 去掉了重复项，工号“A010”只出现了一次。

（2）逻辑运算符“（NOT）BETWEEN…AND…”的使用

逻辑运算符“（NOT）BETWEEN…AND…”用于判断某个列值是否在给定的最小值和最大值范围内，如果在此范围内，则条件判断为真；如果不在此范围内，则条件判断为假。如果使用 NOT，则判断结果正好相反。其语法格式为：

```
WHERE <列名> [NOT ] BETWEEN <值 1> AND <值 2>
```

<列名>为必选项，指的是要判断其值是否在<值 1>和<值 2>之间的列。<值 1>和<值 2>是必选项，是指定的最大值和最小值，用来规范取值的范围，其类型可以是数值型也可以是日期型。一般情况下，<值 1>总是小于或等于<值 2>，当<值 1>和<值 2>相同时，表示范围内只有一个值，此种情况下与使用比较运算符“=”作用相当。[NOT]是可选项，在判断“不在此范围”时使用。

现有如图 5.10 所示的“招聘成绩表.xlsx”，现要查询“总分”在 85～100 之间的应聘者信息，步骤如下。

考号	住址	笔试	面试	总分
A302	市北区	34	47	81
B201	市北区	50	37	87
A303	市南区	42	48	90
A305	市南区	35	43	78
B311	市北区	48	47	95
B204	市北区	32	37	69
B317	市南区	37	46	83

招聘成绩表

图 5.10　招聘成绩表

步骤 1： 在“招聘成绩表.xlsx”工作簿中增加一个新的工作表“BETWEEN 的使用”，并选中 A1 单元格。

步骤 2： 点击“数据”菜单，在“获取和转换数据”组中选择“现有连接”按钮，在打开的“现有连接”窗口中点击“浏览更多…”按钮，在弹出的“选取数据源”窗口中选取“招聘成绩表.xlsx”所在的目录，并选择此文件，然后点击“打开”按钮。在弹出的“选择表格”窗口中选择“招聘成绩表$”后点击“确定”按钮。

步骤 3： 在弹出的“导入数据”窗口中点击“属性”按钮，在此窗口中选择“定义”选项卡。清空“命令文本”框并键入如下 SQL 语句，点击“确定”按钮。

```
SELECT *
FROM [招聘成绩表$]
WHERE 总分 BETWEEN 85 AND 100
```

查询结果如图 5.11 所示。

考号	住址	笔试	面试	总分
B201	市北区	50	37	87
A303	市南区	42	48	90
B311	市北区	48	47	95

BETWEEN的使用

图 5.11　逻辑运算符 BETWEEN 的使用

如要查询总分不在 85～100 之间的应聘者信息，则在 BETWEEN 前加上 NOT。在工作表“BETWEEN 的使用”中选中 A6 单元格，按照上例步骤在“命令文本”框中键入如下 SQL 语句，点击“确定”按钮。

```
SELECT *
FROM [招聘成绩表$]
WHERE 总分 NOT BETWEEN 85 AND 100
```

查询结果如图 5.12 所示。

	A	B	C	D	E	F
1	考号	住址	笔试	面试	总分	
2	B201	市北区	50	37	87	
3	A303	市南区	42	48	90	
4	B311	市北区	48	47	95	
5						
6	考号	住址	笔试	面试	总分	
7	A302	市北区	34	47	81	
8	A305	市南区	35	43	78	
9	B204	市北区	32	37	69	
10	B317	市南区	37	46	83	

BETWEEN的使用

图 5.12　逻辑运算符 NOT BETWEEN 的使用

（3）逻辑运算符“IS（NOT）”和“IS （NOT）NULL”的使用

逻辑运算符“IS（NOT）”用于判断某个列值是否和给定的值相同，如果相同，则条件判断为真；如果不相同，则条件判断为假。其用法与“=”相似。如果使用 NOT，则判断结果正好相反。

逻辑运算符“IS（NOT）NULL”用于判断某个列值是否为空值（NULL），如果为空则条件判断为真；如果不为空则条件判断为假。如果使用 NOT，则判断结果正好相反。

逻辑运算符“IS（NOT）”语法结构如下：

```
WHERE <列名> IS [NOT ] <比较值>
```

当使用“IS”时，其作用等价于：

```
WHERE <列名> = <比较值>
```

逻辑运算符“IS （NOT）NULL”语法结构如下：

```
WHERE <列名> IS [NOT ] NULL
```

<列名>为必选项，指的是要判断其值是否为空值的列。NULL 代表空值，空值没有数据类型，且不属于任何数据类型，也不代表任何有用的数据。NULL 可以表示数据表中缺失的数据，可以指未知的数据、没有意义的数据。[NOT] 是可选项，当判断值不为空时使用。

现有工作簿“公共选修课成绩表.xlsx”，如图 5.13 所示，记录了学生选修公共选修课的信息。有些学生在选课之后没有参加考试，因此这些学生的“成绩”列为空。现在要求查询没有选修课成绩的学生信息。“没有选修课成绩”意味着“成绩”列的值为空，所以只要判断“成绩”列是否为空就可以了，步骤如下。

	A	B	C	D
1	学号	选修课程	成绩	
2	201906002	GX004	89	
3	201804102	GX012	76	
4	201703132	GX021	85	
5	201904003	GX014		
6	201906321	GX006	74	
7	201805112	GX031	80	
8	201801231	GX025		
9	201802134	GX035	74	

公共选修课成绩表

图 5.13　公共选修课成绩表

步骤 1：在“公共选修课成绩表.xlsx”工作簿中增加一个新的工作表“成绩为空”，并选中 A1 单元格。

步骤 2：点击“数据”菜单，在“获取和转换数据”组中选择“现有连接”按钮，在打开的“现有连接”窗口中点击“浏览更多…”按钮，在弹出的“选取数据源”窗口中选取“公共选修课成绩表.xlsx”所在的目录，并选择此文件，然后点击“打开”按钮。在弹出的“选择表格”窗口中选择“公共选修课成绩表$”后点击“确定”按钮。

步骤 3：在弹出的“导入数据”窗口中点击“属性”按钮，在此窗口中选择“定义”选项卡。清空“命令文本”框并键入如下 SQL 语句，点击“确定”按钮。

```
SELECT *
FROM [公共选修课成绩表$]
WHERE 成绩 IS NULL
```

查询结果如图 5.14 所示。从结果可以看出，只有成绩为空的那些行才被查询出来。此例中，条件语句不可写成“WHERE 成绩=NULL”。因为空值不是一个确切的值，对其的判断只能使用“IS”，而不能使用比较运算符等号（“=”）。

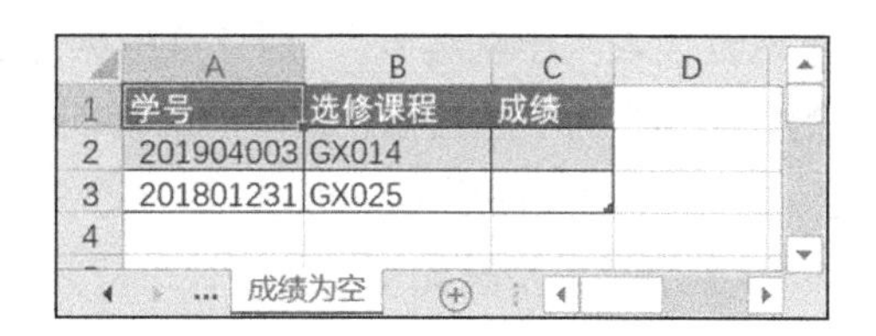

	A	B	C	D
1	学号	选修课程	成绩	
2	201904003	GX014		
3	201801231	GX025		
4				

成绩为空

图 5.14　逻辑运算符 IS NULL 的使用

在 SQL in Excel 中，SQL 语句会首先对查询的列值进行数据类型的判断，如果在列值中发现与其他列值数据类型不相同的值，SQL 会将其认定为“没有意义的数据”，并认定为 NULL 来处理。例如，在日期列中如果输入了文本类型的字符，比如字母或者汉字，那么这些值将被认定为空值。

（4）逻辑运算符“（NOT）LIKE”的使用

逻辑运算符“（NOT）LIKE”用于判断某个列值是否和给定的字符串相类似，如果匹配，则条件判断为真；如果不匹配，则条件判断为假。如果使用 NOT，则判断结果正好相反。其语法结构如下：

```
WHERE <列名> [NOT] LIKE <匹配串>
```

<列名>和<匹配串>是必选项，其中<匹配串>是一个不太确定的字符串，LIKE 的作用就是将<列名>指代的列值和<匹配串>中的字符串进行比较，判断两者是否类似，如果能够匹配，那么将此行放入结果集中。可以看出，LIKE 运算符针对的是不太确定的字符串进行的模糊查询，而算术运算符中的等号则是对确切字符串的精确匹配。

既然<匹配串>是一个不确定的字符串，那么关键是如何表示不确定的部分。在 SQL 中，引入了下划线（“_”）和百分号（“%”）两种通配符，分别代表一个字符长度的任意字符和任意长度的任意字符。譬如，“a_bc”代表的是以“a”开头，以“bc”结尾，两者之间是长度为 1 的任意字符，共计 4 个字符长度的字符串。“abbc”“acbc”“arbc”等字符串都可以与之相匹配。“数据库%”代表的是以“数据库”开头，以任意长度的任意字符为结尾的字符串，“数据库”“数据库原理”“数据库系统概论”等字符串都可以与之相匹配。

虽然可以代表任意字符，但是下划线（“_”）和百分号（“%”）所处的位置不同，其含义是不一样的，譬如，“%A”和“A%”分别代表“以 A 结尾，A 前面有任意长度、任意字符的字符串”和“以 A 开头，A 后面有任意长度、任意字符的字符串”。下面举例说明。

对于图 5.13 所示的“公共选修课成绩表.xlsx”，其中“学号”列的前四位代表“年级”，第五、第六位代表“学院编号”，后三位根据专业班级顺序编号。现在要查询“年级”为“2019”的学生信息，即学号的前四位是确定的“2019”，后面几位的值不确定。对于不确定的学号，可以用“%”来代替，因此可以查询学号为“2019%”的学生信息。步骤如下。

步骤 1：在“公共选修课成绩表.xlsx”工作簿中增加一个新的工作表“指定年级”，并选中 A1 单元格。

步骤 2：点击“数据”菜单，在“获取和转换数据”组中选择“现有连接”按钮，在打开的“现有连接”窗口中点击“浏览更多...”按钮，在弹出的“选取数据源”窗口中选取“公共选修课成绩表.xlsx”所在的目录，并选择此文件，然后点击“打开”按钮。在弹出的“选择表格”窗口中选择“公共选修课成绩表$”后点击“确定”按钮。

步骤 3： 在弹出的“导入数据”窗口中点击“属性”按钮，在此窗口中选择“定义”选项卡。清空“命令文本”框并键入如下 SQL 语句，然后点击“确定”按钮。

```
SELECT *
FROM [公共选修课成绩表$]
WHERE 学号 LIKE "2019%"
```

查询结果如图 5.15 所示。

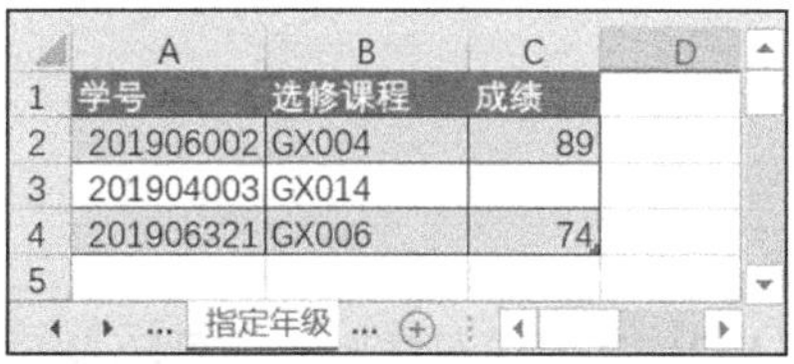

	A	B	C	D
1	学号	选修课程	成绩	
2	201906002	GX004	89	
3	201904003	GX014		
4	201906321	GX006	74	
5				

指定年级

图 5.15　逻辑运算符 LIKE 的使用（指定年级）

如果要查询“学院编号”为“06”的学生选课信息，则需要指定“学号”的第五、第六位为“06”。在“学院编号”之前还有四位“年级代码”，因此要用四个下划线“_”表示出来，而第六位之后的其他信息则可以用通配符“%”来表示。

在工作簿中增加一个工作表“指定学院”，定位 A1 单元格，按照上例步骤在“命令文本”框中键入如下 SQL 语句后点击“确定”按钮。

```
SELECT *
FROM [公共选修课成绩表$]
WHERE 学号 LIKE "_ _ _ _06%"
```

查询结果如图 5.16 所示。

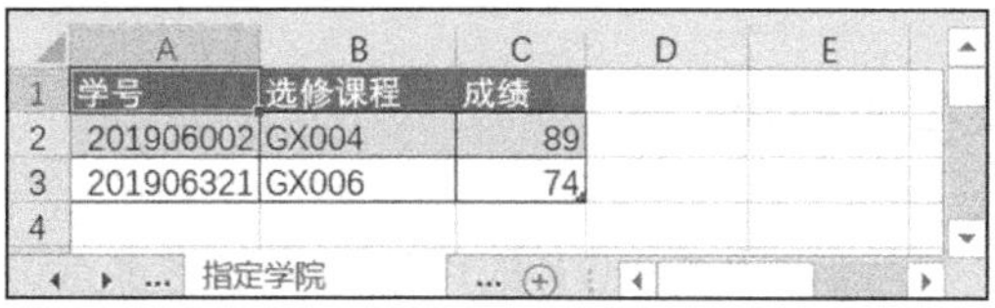

	A	B	C	D	E
1	学号	选修课程	成绩		
2	201906002	GX004	89		
3	201906321	GX006	74		
4					

指定学院

图 5.16　逻辑运算符 LIKE 的使用（指定学院）

使用 LIKE 运算符时，下划线（“_”）和百分号（“%”）是以通配符存在的。但是如果匹配串本身就包含下划线或者百分号时，该如何处理？在标准 SQL 语言中，可以使用“定义转义字符”的方法来区分是否为通配符；而在 SQL in Excel 中，可以使用方括号（“[ ]”）将其括起来，来表达其自身的含义。例如，要匹配“DB_”开头，以“DESIGN”结尾的课程名，查询语句应该写为“WHERE 课程名 LIKE "DB[_]%DESIGN"”。可以看到，当下划线用方括号括起来后，其代表的含义即为下划线本身，而不再代表通配符了。

小结

逻辑运算符是用来进行特殊情况下的逻辑判断的，通常包括指定范围的判断、是否为空的判断，字符串是否匹配的判断等。有些逻辑运算符还可以使用连接运算符等价替换，实现相同的查询效果。

5.4 连接运算符

连接运算符也是 SQL 中使用较为普遍的一种运算符，主要包括 AND、OR 以及 NOT。

5.4.1 连接运算符简介

在 SQL 查询中，如果筛选条件有多个或者对一个条件的反条件进行判断，则需要使用连接运算符。连接运算符的含义详见表 5.3。

表 5.3 连接运算符

运算符	含义
AND	用于连接多个判断条件，仅当所有条件都为真时，判断的结果才为真
OR	用于连接多个判断条件，只要其中一个条件为真，判断的结果即为真
NOT	用于求某个条件的反条件，只要反条件为真，判断的结果即为真

5.4.2 连接运算符的使用

在 5.3 节中已经详细讲述过 NOT 的用法，本节将重点讲述 AND 和 OR 的用法。

（1）连接运算符 AND 的使用

连接运算符 AND 用于连接多个判断条件，仅当所有条件都为真时，判断的结果才为真。其语法如下：

```
WHERE <条件 1> AND <条件 2> [AND <条件 3>…]
```

其中，<条件 1>和<条件 2>是必选项，当有两个条件参与逻辑判断时，当且仅当<条件 1>和<条件 2>都为真的时候，结果为真；如果有一个条件判断为假，结果即为假。当有多于两个的条件参与判断时，当且仅当所有的条件都为真时，结果为真；有一个条件为假，结果为假。

每个条件经过运算或者判断都会返回一个逻辑判断值“真”（TRUE，简写为“T”）或者“假”（FALSE，简写为“F”）。使用 AND 连接，实际是这些逻辑值之间的“与”运算，如下所示：

T AND T =T

T AND F =F

F AND T =F

F AND F =F

使用 AND 进行逻辑判断时，其运算顺序自左向右，即先判断“<条件 1> AND <条件 2>”的结果，如果为真，使用这个结果与<条件 3>进行运算，即判断“T AND <条件 3>”，依此类推；如果为假，则直接跳出判断，得出最终结果 F。当 AND 运算中某个条件出现了空值 NULL，则逻辑判断的结果为 NULL，从而使得逻辑判断失效。

现有工作簿文件“优秀学生干部候选人名单.xlsx”，如图 5.17 所示，表中列出了全校 10 名候选人，只有“民主测评”和“学分绩点”都高于 90，且“不及格门数”为 0 的候选人才能当选校级优秀学生干部。现要求使用 SELECT 查询满足条件的候选人。

	A	B	C	D	E	F
1	编号	姓名	民主测评	学分绩点	不及格门数	
2	1001	王新华	93.5	95.1	0	
3	1002	刘晓东	89.3	90.3	0	
4	1003	陈清华	88.4	83.2	1	
5	1004	肖美玉	86.9	89.3	0	
6	1005	刘青	92.4	86.4	0	
7	1006	邱如强	91.7	84.1	0	
8	1007	尚强	93.2	80.5	1	
9	1008	赵华丽	86.9	84.7	0	
10	1009	程玲玲	90.2	90.6	0	
11	1010	郑青春	88.7	86.5	0	

优秀学生干部候选人名单

图 5.17　优秀学生干部候选人名单

分析查询要求可知，优秀学生干部的遴选条件有三个，且三个条件要同时满足，因此可以使用 AND 将其连接起来，步骤如下。

步骤 1： 在“优秀学生干部候选人名单.xlsx”工作簿中增加一个新的工作表“使用 AND 运算符”，并选中 A1 单元格。

步骤 2： 点击“数据”菜单，在“获取和转换数据”组中选择“现有连接”按钮，在打开的“现有连接”窗口中点击“浏览更多…”按钮，在弹出的“选取数据源”窗口中选取“优秀学生干部候选人名单.xlsx”所在的目录，并选择此文件，然后点击“打开”按钮。在弹出的“选择表格”窗口中选择“优秀学生干部候选人名单$”后点击“确定”按钮。

步骤 3： 在弹出的“导入数据”窗口中点击“属性”按钮，在此窗口中选择“定义”选项卡。清空“命令文本”框，键入如下 SQL 语句后点击“确定”按钮。

```
SELECT *
FROM [优秀学生干部候选人名单$]
WHERE 民主测评>=90 AND 学分绩点>=90 AND 不及格门数=0
```

查询结果如图 5.18 所示。

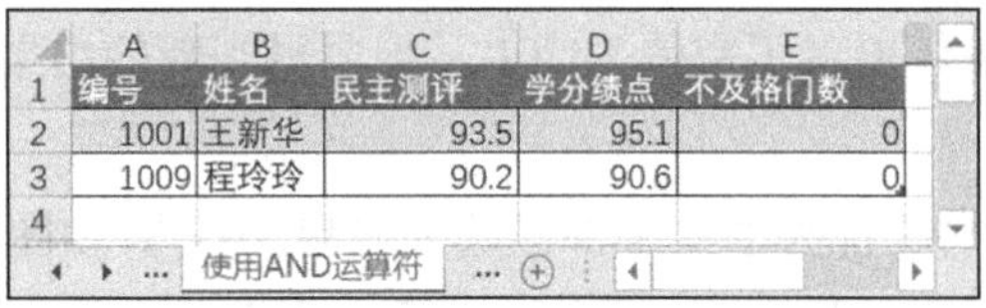

	A	B	C	D	E
1	编号	姓名	民主测评	学分绩点	不及格门数
2	1001	王新华	93.5	95.1	0
3	1009	程玲玲	90.2	90.6	0
4					

使用AND运算符

图 5.18　连接运算符 AND 的使用

对于 AND 连接的多个条件，有些情况下可以使用逻辑运算符“BETWEEN…AND…”来替换。例如，对于图 5.17 所示的工作簿文件“优秀学生干部候选人名单.xlsx”，如果要查询“民主测评”成绩在 85 分（包含 85 分）到 95 分（包括 95 分）之间的候选人，如何实现？

分析查询要求可知，“成绩在 85 分（包含 85 分）到 95 分（包括 95 分）之间”，是指成绩既要大于等于 85 分，同时又要小于等于 95 分，两个条件需同时满足，因此可以用 AND 来连接，如下所示：

```
SELECT *
FROM [优秀学生干部候选人名单$]
WHERE 民主测评<=85 AND 民主测评>=95
```

从另外一个角度分析，查询要求中给出了“成绩”的上限和下限，因此也可以使用“BETWEEN…AND…”运算符来连接，如下所示：

```
SELECT *
FROM [优秀学生干部候选人名单$]
WHERE 民主测评 BETWEEN 85 AND 90
```

（2）连接运算符 OR 的使用

连接运算符 OR 用于连接多个判断条件，只要其中一个条件为真，结果即为真。其语法如下：

```
WHERE <条件 1> OR <条件 2> [OR <条件 3>…]
```

其中，<条件 1>和<条件 2>为必选项，当有两个条件参加逻辑判断时，只要有一个条件为真，结果即为真；只有所有条件都为假时，结果才为假。

对于图 5.17 所示的工作簿文件“优秀学生干部候选人名单.xlsx”，假如规定“民主测评”或“学分绩点”有一项高于 90 时，就可以当选优秀学生干部，那么如何查询出这些候选人？

分析评选条件可知，遴选条件变成了二选一，只要满足其一即可，因此可以使用 OR 来连接两个筛选条件。步骤如下：

步骤 1： 在“优秀学生干部候选人名单.xlsx”工作簿中增加一个新的工作表“使用 OR 运算符”，并选中 A1 单元格。

步骤 2： 点击“数据”菜单，在“获取和转换数据”组中选择“现有连接”按钮，在打开的“现有连接”窗口中点击“浏览更多...”按钮，在弹出的“选取数据源”窗口中选取“优秀学生干部候选人名单.xlsx”所在的目录，并选择此文件，然后点击“打开”按钮。在弹出的“选择表格”窗口中选择“优秀学生干部候选人名单$”后点击“确定”按钮。

步骤 3： 在弹出的“导入数据”窗口中点击“属性”按钮，在此窗口中选择“定义”选项卡。清空“命令文本”框，键入如下 SQL 语句后点击“确定”按钮。

```
SELECT *
FROM [优秀学生干部候选人名单$]
WHERE 民主测评>=90 OR 学分绩点>=90
```

查询结果如图 5.19 所示。

	A	B	C	D	E
1	编号	姓名	民主测评	学分绩点	不及格门数
2	1001	王新华	93.5	95.1	0
3	1002	刘晓东	89.3	90.3	0
4	1005	刘青	92.4	86.4	0
5	1006	邱如强	91.7	84.1	0
6	1007	尚强	93.2	80.5	1
7	1009	程玲玲	90.2	90.6	0

使用OR运算符

图 5.19　连接运算符 OR 的使用

OR 运算在有些情况下可以使用逻辑运算符 IN 来替代。在图 5.7 所示的“工人排班表”中，要查询排在“早班”和“中班”的员工工号，使用了如下 SQL 语句：

```
SELECT 工号
FROM [工人排班表$]
WHERE 班次 IN ('早班','中班')
```

从另外一个角度分析，查询排在“早班”和“中班”的员工信息，即员工的班次要么是“早班”，要么是“中班”，只要满足一项就可以了。因此，可以使用 OR 运算符来改写，达到相同的查询目的。改写后的 SQL 语句如下：

```
SELECT 工号
FROM [工人排班表$]
WHERE 班次='早班' OR 班次='中班'
```

（3）连接运算符 AND 和 OR 的搭配使用

在有些查询中，单独使用 AND 或者 OR 运算符都不能很好地描述筛选条件，需要将 AND 和 OR 运算符结合起来使用。一般情况下，AND 运算符的优先级要高于 OR，所以组合使用时，必要时需要搭配圆括号来改变判断的优先级。

同样对于图 5.17 所示的工作簿文件“优秀学生干部候选人名单.xlsx”，假设要参选优秀学生干部，首先要满足所有课程成绩都必须及格以上，即“不及格门数”必须为 0；其次，在满足上述条件的前提下，只要“民主测评”或“学分绩点”有一项高于 90，即可当选优秀学生干部。针对这种遴选条件，如何构建 WHERE 语句？

分析评选条件可知，“不及格门数=0”是一个硬性条件，此条件不满足则无需再考察其他条件；其次，在“民主测评>=90”和“学分绩点>=90”这两个条件中必须满足其一，这两个条件可以使用 OR 来连接；最后，上述的两个要求必须同时满足才可以，因此使用 AND 对其连接。具体步骤如下。

步骤 1：在“优秀学生干部候选人名单.xlsx”工作簿中增加一个新的工作表“AND 和 OR 搭配使用”，并选中 A1 单元格。

步骤 2：点击“数据”菜单，在“获取和转换数据”组中选择“现有连接”按钮，在打开的“现有连接”窗口中点击“浏览更多...”按钮，在弹出的“选取数据源”窗口中选取“优秀学生干部候选人名单.xlsx”所在的目录，并选择此文件，然后点击“打开”按钮。在弹出的“选择表格”窗口中选择“优秀学生干部候选人名单$”后点击“确定”按钮。

步骤 3：在弹出的“导入数据”窗口中点击“属性”按钮，在此窗口中选择“定义”选项卡。清空“命令文本”框，键入如下 SQL 语句后点击“确定”按钮。

```
SELECT *
FROM [优秀学生干部候选人名单$]
WHERE 不及格门数=0 AND (民主测评>=90 OR 学分绩点>=90)
```

查询结果如图 5.20 所示。

	A	B	C	D	E	F
1	编号	姓名	民主测评	学分绩点	不及格门数	
2	1001	王新华	93.5	95.1	0	
3	1002	刘晓东	89.3	90.3	0	
4	1005	刘青	92.4	86.4	0	
5	1006	邱如强	91.7	84.1	0	
6	1009	程玲玲	90.2	90.6	0	
7						

AND和OR搭配使用

图 5.20 连接运算符 AND 和 OR 搭配使用

小结

连接运算符用在多个条件判断或者求反条件的查询中。对于条件比较复杂的查询，要理顺不同条件之间的逻辑关系，正确使用 AND 或者 OR，必要的时候使用括号来改变运算的优先级。

5.5 算术运算符

在 SQL 中，算术运算符主要用来进行四则运算，如加法、减法、乘法、除法等。

5.5.1 算术运算符简介

SQL in Excel 中，算术运算主要包括加（“+”）、减（“-”）、乘（“*”）以及除（“/”）运算。算术运算符（见表 5.4）既可以用在 SELECT 子句中，也可以作为判断条件出现在 WHERE 子句中。算术运算符使用非常简单，可以直接对列的值进行四则运算并得出结果。其语法结构为：

```
<表达式 1> 算术运算符 <表达式 2>[ 算术运算符 <表达式 3>…]
```

其中，<表达式 1>、<表达式 2>、<表达式 3>指要参与算术运算的列或者常量值。在运算过程中，遵循四则运算的优先级，即乘（“*”）、除（“/”）的优先级高于加（“+”）、减（“-”），也可以使用圆括号改变运算顺序。

表 5.4 算术运算符

运算符	描述
+ 加运算	把运算符两边的值相加
- 减运算	左表达式的值减去右表达式的值
* 乘运算	把运算符两边的值相乘
/ 除运算	左表达式的值除以右表达式的值

5.5.2 算术运算符的使用

算术运算符既可以单独使用，也可以多种搭配使用。下面举例说明算术运算符的使用方法。

（1）单一算术运算符的使用

现有如图 5.21 所示的“摸底考试成绩表.xlsx”，每名学生对应三门课程成绩。现在要查询三门课的总成绩高于 265 分的学生信息。求总成绩，只需将三门课的成绩相加，因此需要用到加（“+”）运算符，具体步骤如下。

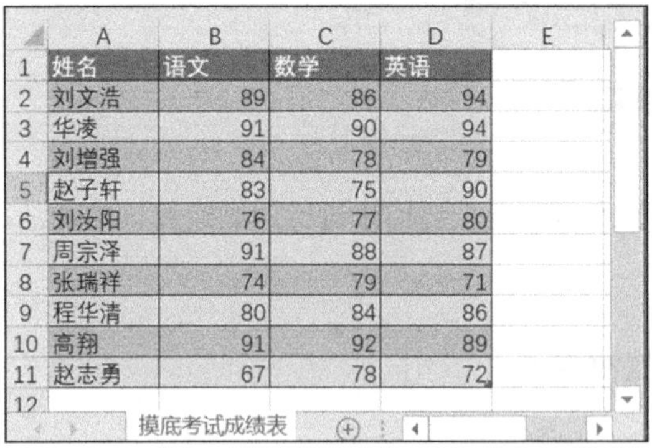

	A	B	C	D	E
1	姓名	语文	数学	英语	
2	刘文浩	89	86	94	
3	华凌	91	90	94	
4	刘增强	84	78	79	
5	赵子轩	83	75	90	
6	刘汝阳	76	77	80	
7	周宗泽	91	88	87	
8	张瑞祥	74	79	71	
9	程华清	80	84	86	
10	高翔	91	92	89	
11	赵志勇	67	78	72	
12					

摸底考试成绩表

图 5.21 摸底考试成绩表

步骤 1： 在“摸底考试成绩表.xlsx”工作簿中增加一个新的工作表“加运算符使用”，并选中 A1 单元格。

步骤 2： 点击“数据”菜单，在“获取和转换数据”组中选择“现有连接”按钮，在打开的“现有连接”窗口中点击“浏览更多...”按钮，在弹出的“选取数据源”窗口中选取“摸底考试成绩表.xlsx”所在的目录，并选择此文件，然后点击“打开”按钮。在弹出的“选择表格”窗口中选择“摸底考试成绩表$”后点击“确定”按钮。

步骤 3： 在弹出的“导入数据”窗口中点击“属性”按钮，在此窗口中选择“定义”选项卡。清空“命令文本”框，键入如下 SQL 语句后点击“确定”按钮。

```
SELECT *,(语文+数学+英语) AS 总成绩
FROM [摸底考试成绩表$]
WHERE (语文+数学+英语)>265
```

查询结果如图 5.22 所示。

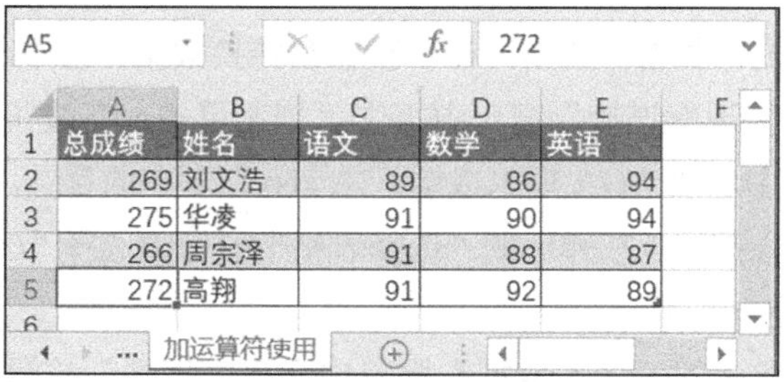

A5 272

	A	B	C	D	E
1	总成绩	姓名	语文	数学	英语
2	269	刘文浩	89	86	94
3	275	华凌	91	90	94
4	266	周宗泽	91	88	87
5	272	高翔	91	92	89

加运算符使用

图 5.22 算术运算符“+”的使用

此 SQL 语句中，为了有更好的可读性，将三门课的总分起了别名“总成绩”。算术表达式“(语文+数学+英语)”同时出现在 SELECT 语句和 WHERE 子句中，分别起着显示列和筛选行的作用。结果中，只有满足总成绩高于 265 分的学生信息才被筛选出来。

减法的使用与加法类似，在这里不再举例说明。

（2）多种算术运算符的搭配使用

在执行算术运算时，可以将多种运算符搭配使用。如果要改变运算符的优先级，可以使用括号。下面举例说明。

现有如图 5.23 所示的“OA 期末成绩汇总.xlsx”，表中详细列出了每名学生的 OA 课程的单项成绩，包括“平时成绩”“上机成绩”以及“闭卷成绩”，这三项成绩分别占期末总成绩的 10%、20%和 70%。现要查询所有学生的期末成绩，并按照成绩降序排列，操作步骤如下。

步骤 1： 在“OA 期末成绩汇总.xlsx”工作簿中增加一个新的工作表“搭配使用”，并选中 A1 单元格。

	A	B	C	D	E
1	学号	姓名	平时成绩	上机成绩	闭卷成绩
2	2018007001	刘光华	80	90	86
3	2018007002	张朝晖	90	85	84
4	2018007003	陈庆明	70	70	69
5	2018007004	曾志	80	95	81
6	2018007005	刘欢欢	70	75	68
7	2018007006	王美玲	90	100	92
8	2018007007	刘子璇	100	100	90
9	2018007008	胡金明	90	95	87
10	2018007009	金梦瑶	100	95	85
11	2018007010	王贵强	70	85	74
12	2018007011	王珊	90	85	80
13	2018007012	李俊强	100	95	88

OA期末成绩汇总

图 5.23　OA 期末成绩汇总

步骤 2：点击“数据”菜单，在“获取和转换数据”组中选择“现有连接”按钮，在打开的“现有连接”窗口中点击“浏览更多…”按钮，在弹出的“选取数据源”窗口中选取“OA 期末成绩汇总.xlsx”所在的目录，并选择此文件，然后点击“打开”按钮。在弹出的“选择表格”窗口中选择“OA 期末成绩汇总$”后点击“确定”按钮。

步骤 3：在弹出的“导入数据”窗口中点击“属性”按钮，在此窗口中选择“定义”选项卡。清空“命令文本”框，键入如下 SQL 语句后点击“确定”按钮。

```
SELECT *,ROUND((平时成绩*0.1+上机成绩*0.2+闭卷成绩*0.7),1) AS 总成绩
FROM [OA 期末成绩汇总$]
ORDER BY ROUND((平时成绩*0.1+上机成绩*0.2+闭卷成绩*0.7),1) DESC
```

查询结果如图 5.24 所示。

	A	B	C	D	E	F
1	总成绩	学号	姓名	平时成绩	上机成绩	闭卷成绩
2	93.4	2018007006	王美玲	90	100	92
3	93	2018007007	刘子璇	100	100	90
4	90.6	2018007012	李俊强	100	95	88
5	88.9	2018007008	胡金明	90	95	87
6	88.5	2018007009	金梦瑶	100	95	85
7	86.2	2018007001	刘光华	80	90	86
8	84.8	2018007002	张朝晖	90	85	84
9	83.7	2018007004	曾志	80	95	81
10	82	2018007011	王珊	90	85	80
11	75.8	2018007010	王贵强	70	85	74
12	69.6	2018007005	刘欢欢	70	75	68
13	69.3	2018007003	陈庆明	70	70	69

OA期末成绩汇总　搭配使用

图 5.24　多种算术运算符的搭配使用

此例中，各项成绩的占比是以百分比的形式给出的。但是在 SQL in Excel 中，百分数是不能用在算术运算中的。因此，各项成绩的占比全部转换成了小数的形式。另外，为了使最后的总成绩保留一位小数，使用了 ROUND 函数。ROUND 函数用来按照指定小数位数返回一个数值。在上述 SQL 语句中，ROUND 后使用了参数 1，所以保留了一位小数。

小结

算术运算符使用简单，可以直接对列或者常量进行四则运算。但是，在使用算术运算符时，其操作的对象必须是数值类型的列或者常量，而对于非数值类型的表达式或者无法转换为数值类型的表达式，是无法使用算术运算符的。

第 6 章　函数的使用

在 SQL 中，内置了大量可以直接调用的函数。这些函数具有丰富的数据处理和分析能力，在调用时只需进行简单的参数设置即可完成复杂的功能运算。

函数大致分成两部分：函数名和参数。其结构如下：

函数名(参数 1,参数 2,…)

其中，函数名是函数的名称，每个函数都有一个区别于其他函数的唯一函数名。参数是函数用来执行操作或者计算的值，要放在一对圆括号中。参数的个数是不确定的，有些参数是必选，而有些参数是可选的，甚至有些函数是可以没有参数的。对于没有参数的函数，在调用时需要在参数名后跟着一对圆括号。参数的数据类型也不尽相同，其类型取决于对应的函数。

例如求字符串长度的函数“LEN(string)”，“LEN”是函数名，“string”为参数。在此函数中，参数只有一个且为字符类型。

函数的目标是返回若干个值。大多数函数都会返回一个标量值（scalar value），即一个数值常量。实际上，函数可以返回任何数据类型，包括表、游标等数据类型。SQL in Excel 中提供的函数非常丰富，按照函数运算的数据类型来划分，可以分为字符串函数、日期和时间函数、数学函数以及转换函数等。

6.1　字符串函数

字符串函数是对字符类型的值进行操作的函数，可以实现对字符串的定位、提取、比较和转换等操作。

6.1.1　字符串函数简介

字符串函数根据其功能不同，大致分为求字符串长度函数、字符串截取函数、字符串查找和替换函数、去空格函数、字符串比较函数以及字符串转换函数等。下面列举常用字符串函数的用法。

（1）求字符串长度函数 LEN(string)

LEN 函数用来求字符串的长度。其中，string 为要统计长度的字符串。

（2）字符串截取函数

① MID(string,start[,length])

MID 函数用来截取字符串中的部分字符串。MID 函数有三个参数，其中 string 为必选参数，表示要被截取的字符串；start 也是必选参数，表示要截取字符串的起始位置；length 为可选参数，表示要截取字符串的长度。start 参数的取值必须大于 0，而 length 参数的取值可以大于或者等于 0。当 length 参数省略时，则截取自 start 参数开始起的所有剩余字符。

注：MID 函数既可以截取字符类型的字符串，也可以截取其他类型的数据。在截取其他非字符类型的数据时，Excel 会将其转换为字符类型。

MIDB 函数与 MID 函数类似，都是从字符串中提取一定长度的子字符串。但是二者有区别：MID 提取字符串时是按照字符长度来提取的，而 MIDB 是按照字节长度来提取的。在 SQL 中，一个字符占用两个字节，所以两者之间的关系是字符∶字节=2∶1。因此，同样的参数下，二者会得出不同的结果。

② RIGHT(string,length)

RIGHT 函数用来提取给定字符串的最右边长度为 length 的部分子字符串。其中，string 表示将要提取字符串的源字符串，length 为截取字符串的长度。如果 length 的值为 0，则返回零长度的子字符串。如果 length 的值大于等于 string 的长度，则返回整个 string 字符串。

③ RIGHTB(string,length)

RIGHTB 函数和 RIGHT 函数的功能类似，区别在于：RIGHT 函数按照字符长度提取最右边长度为 length 的部分子字符串，而 RIGHTB 函数按照字节长度来提取右边长度为 length 的部分子字符串。

④ LEFT(string,length)

与 RIGHT 函数类似，LEFT 函数用来截取字符串最左边长度为 length 的子字符串。其中，string 表示将要提取字符串的源字符串，length 为截取字符串的长度。如果 length 的值为 0，则返回零长度的子字符串。如果 length 的值大于等于 string 的长度，则返回整个 string 字符串。

⑤ LEFTB(string,length)

LEFTB 函数与 RIGHTB 函数类似，按照字节长度来提取左边长度为 length 的子字符串。

（3）字符串查找和替换函数

① INSTR([start,]string1,string2[,compare])

INSTR 函数用于返回特定字符串在某个字符串中第一次出现的位置。其中，参数 string1 表示要在其中查找的字符串；start 为可选项，用来指明在 string1 中开始查找的起始位置，如果省略，则从第一个字符开始查找；string2 用来指明要查找的字符串；参数 comparc 用来设置进行字符串的比较类型。compare 参数有 0 和 1 两种取值，为 1 时，指明要进行文本比较；为 0 时，进行二进制数比较；如果省略，则默认为文本比较。

INSTR 函数在运算中，如果在 string1 中查找到了 string2，则将 string2 首次出现的位置返回到结果中；如果没有查找到 string2，则返回结果 0；如果 start 的起始位置大于 string1 的长度，则返回结果 0。

② INSTRB([start,]string1,string2[,compare])

INSTRB 函数的用法与 INSTR 类似，只不过返回指定字符串在另一个字符串中第一次出现的字节位置。不指定参数 compare 时，默认执行二进制数比较。

③ REPLACE(string,findstring,replacestring[,start][,count][,compare])

REPLACE 函数用来在源字符串中查找指定的子字符串，并将此子字符串用另外指定的字符串替换。其中，string 为要查找和替换的源字符串；findstring 为要查找和被替换掉的子字符串；replacestring 是将要代替 findstring 子字符串的字符串；start 参数用来指定开始查找 findstring 子字符串的起始位置；count 参数用来指定子字符串被替换的次数，这在源字符串中出现多次 findstring 子字符串但只替换部分字符串时的情况下使用，该参数如果省略，则表明替换所有的子字符串；compare 参数用于设置比较的类型，一般情况下，取值为 1 时，执行文本比较，取值为 0 时，执行二进制比较。

（4）去空格函数

① TRIM(string)

TRIM 函数用于去除指定字符串的首尾空格字符，即去除前导空格和尾随空格。其中，string 为要去除空格的字符串。

② LTRIM(string)

LTRIM 函数用于去除指定字符串的左侧空格字符，即去除前导空格。其中，string 为要去掉左侧空格的字符串。

③ RTRIM(string)

RTRIM 函数用于去除指定字符串的右侧空格字符，即去除尾随空格。其中，string 为要去掉右侧空格的字符串。

RTRIM(LTRIM(string))可以实现和 TRIM(string)相同的功能。

（5）字符串比较函数

① STRCOMP(string1,string2[,compare])

STRCOMP 函数用于比较两个字符串是否相同。其中，参数 string1 和 string2 是必选项，是用来比较的两个字符串；compare 参数指明字符串比较的类型，compare 为 1 时，执行文本比较；compare 为 0 时，执行二进制比较；当此参数省略时，默认执行文本比较。

STRCOMP 函数执行后，以整数型数值返回比较结果。当结果为 0 时，string1 和 string2 两字符串相同；结果为 1 时，string1 大于 string2；结果为-1 时，string1 小于 string2；结果为空时，说明其中一个比较的字符串为空值。

② CBOOL(expression)

CBOOL 函数用来判断一个比较表达式的真假，表达式的结果以逻辑值返回。当返回结果为非 0 时，代表 TRUE，说明比较表达式的值为真；当返回结果为 0 时，代表 FLASE，说明比较表达式的值为假。

（6）字符串转换函数

① LCASE(string)

LCASE 函数用于将字符串中的大写字母转换成小写字母并返回结果中。其中，string 为即将转换的字符串。该函数只能将半角的大写字母转换为小写字母，而对于其他的小写字母、非半角的字符、非字母字符不起作用。

② UCASE(string)

UCASE 函数用于将字符串中的小写字母转换成大写字母并返回结果中。其中，string 为即将转换的字符串。和 LCASE 函数类似，该函数只能将半角的小写字母转换为大写字母，而对于其他的大写字母、非半角的字符、非字母字符不起作用。

③ STRCONV(string,conversion[,LCID])

STRCONV 函数用于将字符串按照某种方式转换成指定格式的字符串。其中，string 为即将转换的字符串。参数 conversion 为字符串转换的类型。其常用的取值包括：取值为 1 时，将字符串中的小写字母转换为大写字母；取值为 2 时，将字符串中的大写字母转换为小写字母；取值为 3 时，将字符串中的每个英文单词的第一个字母转换为大写。

与 LCASE 函数和 UCASE 函数不同的是，STRCONV 函数可以在半角和全角字符之间进行大小写的任意转换，而 LCASE 函数和 UCASE 函数只能转换半角字符。

6.1.2 字符串函数综合运用

字符串函数的种类丰富，在数据处理中也发挥了重要的作用。本节将选取常用的字符串函数，综合运用其强大的功能，快速提高办公效率。

（1）查询教师所属的专业代码

现有如图 6.1 所示的“教师信息表.xlsx”，要求查询教师所属的专业代码。从表中可以看出，只有“专业”列而没有“专业代码”列，但“编号”列的第 2 位到第 4 位代表了“专业代码”。因此，需要在“编号”列中提取这个字符串。要在字符串中提取子字符串，可以使用 MID 函数。详细步骤如下。

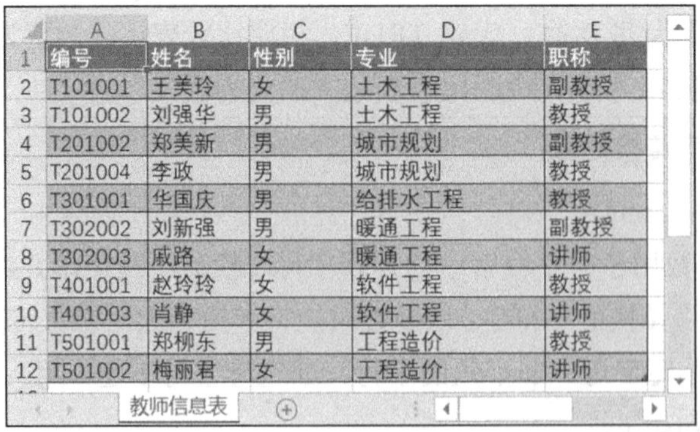

	A	B	C	D	E
1	编号	姓名	性别	专业	职称
2	T101001	王美玲	女	土木工程	副教授
3	T101002	刘强华	男	土木工程	教授
4	T201002	郑美新	男	城市规划	副教授
5	T201004	李政	男	城市规划	教授
6	T301001	华国庆	男	给排水工程	教授
7	T302002	刘新强	男	暖通工程	副教授
8	T302003	戚路	女	暖通工程	讲师
9	T401001	赵玲玲	女	软件工程	教授
10	T401003	肖静	女	软件工程	讲师
11	T501001	郑柳东	男	工程造价	教授
12	T501002	梅丽君	女	工程造价	讲师

教师信息表

图 6.1 教师信息表

步骤 1： 在“教师信息表.xlsx”工作簿中增加一个新的工作表“截取字符串”，并选中 A1 单元格。

步骤 2： 点击“数据”菜单，在“获取和转换数据”组中选择“现有连接”按钮，在打开的“现有连接”窗口中点击“浏览更多...”按钮，在弹出的“选取数据源”窗口中选取“教师信息表.xlsx”所在的目录，并选择此文件，然后点击“打开”按钮。在弹出的“选择表格”窗口中选择“教师信息表$”后点击“确定”按钮。

步骤 3： 在弹出的“导入数据”窗口中点击“属性”按钮，在此窗口中选择“定义”选项卡。清空“命令文本”框，键入如下 SQL 语句后点击“确定”按钮。

```
SELECT 编号,MID(编号,2,3) AS 专业代码
FROM [教师信息表$]
```

查询结果如图 6.2 所示。

	A	B	C	D
1	编号	专业代码		
2	T101001	101		
3	T101002	101		
4	T201002	201		
5	T201004	201		
6	T301001	301		
7	T302002	302		
8	T302003	302		
9	T401001	401		
10	T401003	401		
11	T501001	501		
12	T501002	501		

截取字符串

图 6.2　字符串函数 MID 的使用

MID(编号,2,3)是指提取“编号”列的部分字符串，从第 2 位开始提取，一共提取 3 位。给提取后的字符串起别名“专业代码”，然后显示在结果集中。

（2）分离联系电话中的区号和电话号码

现有如图 6.3 所示的工作簿“经销商联系电话.xlsx”，从表中可以看到，“联系方式”的“区号”和“电话号码”通过连字符（“-”）进行连接，现在要求将区号和电话号码分列显示。此例可以使用 LEFT 函数、RIGHT 函数、LEN 函数以及 INSTR 函数配合起来实现查询要求，详细步骤如下。

经销商名称	联系方式	地址
南京经销商	025-96803357	江苏省 南京市 众彩物流中心A区
上海代理商	021-97629387	上海市 松江区 沪松公路2101号S4区
北京有限公司	010-91507677	北京市 大兴区 经济技术开发区东区
苏州有限公司	0512-92336267	江苏省 苏州市 工业园区星龙街
上海有限公司	021-91973187	上海市 闵行区 漕宝路
江门有限公司	0750-9333727	广东省 江门市 建设路
广东有限公司	020-92220777	广东省 广州市 经济技术开发区东基工业区
江苏有限公司	0519-93424357	江苏省 常州市 天宁区延陵西路
上海家乐福宜山店	021-94697777	上海市 徐汇区 宜山路

经销商联系电话 sheet2

图 6.3　经销商联系电话

步骤 1： 在“经销商联系电话.xlsx”工作簿中增加一个新的工作表“分离区号和电话号码”，并选中 A1 单元格。

步骤 2： 点击“数据”菜单，在“获取和转换数据”组中选择“现有连接”按钮，在打开的“现有连接”窗口中点击“浏览更多…”按钮，在弹出的“选取数据源”窗口中选取“经销商联系电话.xlsx”所在的目录，并选择此文件，然后点击“打开”按钮。在弹出的“选择表格”窗口中选择“经销商联系电话$”表后点击“确定”按钮。

步骤 3： 在弹出的“导入数据”窗口中点击“属性”按钮，在此窗口中选择“定义”选项卡。清空“命令文本”框，键入如下 SQL 语句后点击“确定”按钮。

```
SELECT 经销商名称,地址,LEFT(联系方式,INSTR(联系方式,'-')-1) AS 长途区号,RIGHT(联系方式,LEN(联系方式)-INSTR(联系方式,'-')) AS 电话号码
FROM [经销商联系电话$]
```

查询结果如图 6.4 所示。

经销商名称	地址	长途区号	电话号码
南京经销商	江苏省 南京市 众彩物流中心A区	025	96803357
上海代理商	上海市 松江区 沪松公路2101号S4区	021	97629387
北京有限公司	北京市 大兴区 经济技术开发区东区	010	91507677
苏州有限公司	江苏省 苏州市 工业园区星龙街	0512	92336267
上海有限公司	上海市 闵行区 漕宝路	021	91973187
江门有限公司	广东省 江门市 建设路	0750	9333727
广东有限公司	广东省 广州市 经济技术开发区东基工业区	020	92220777
江苏有限公司	江苏省 常州市 天宁区延陵西路	0519	93424357
上海家乐福宜山店	上海市 徐汇区 宜山路	021	94697777

经销商联系电话 分离区号和电话号码

图 6.4　提取字符串函数的使用

在此查询中，首先可以提取“区号”。区号出现在连字符“-”之前，也就是连字符的左侧所有字符都是区号，因此用 LEFT 提取连字符左侧的字符即可。LEFT 在取左侧字符时需要指定左侧字符的长度，而这个长度恰好是连字符“-”的位置减 1。因此先用“INSTR(联系方式,'-')-1”求出区号的长度，再使用“LEFT”函数从左侧提取这个长度的字符串即可。

其次，要查询出存在于连字符右侧的“电话号码”。先用 LEN 函数求出字符串的总长度，用 INSTR 函数查询出连字符在字符串中出现的位置，“总长度-连字符的位置”即为剩余的“电话号码”的长度。使用 RIGHT 函数从右侧截取这个长度的子字符串即可得到“电话号码”。

（3）将目录转换为大写并去掉多余空格字符

现有如图 6.5 所示的工作簿“目录列表.xlsx”，表中只有一列“目录”，包含了“章节”和“标题”两项内容，同时“标题”和“章节”之间有不确定的若干空格。现在要将“章节”和“标题”的内容分列显示，并去掉“标题”前的空格，同时将“标题”全部用大写字母表示。在此例中，可以使用 LEFT 函数、RIGHT 函数、LEN 函数、LTRIM 函数以及 UCASE 函数搭配起来实现查询结果，详细步骤如下。

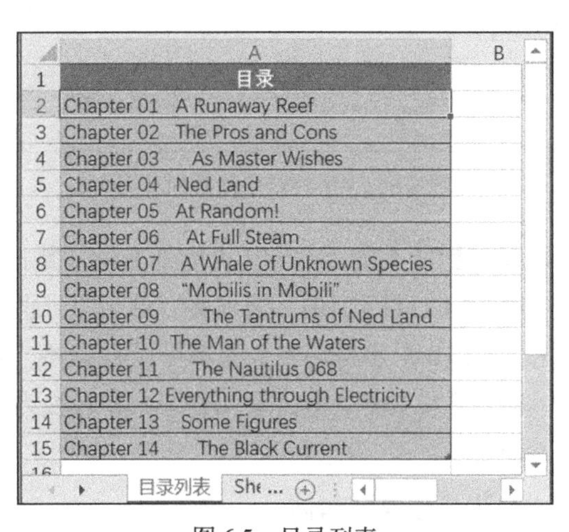

图 6.5　目录列表

步骤 1：在“目录列表.xlsx”工作簿中增加一个新的工作表“转换大小写”，并选中 A1 单元格。

步骤 2：点击“数据”菜单，在“获取和转换数据”组中选择“现有连接”

按钮，在打开的“现有连接”窗口中点击“浏览更多...”按钮，在弹出的“选取数据源”窗口中选取“目录列表.xlsx”所在的目录，并选择此文件，然后点击“打开”按钮。在弹出的“选择表格”窗口中选择“目录列表$”表后点击“确定”按钮。

步骤 3：在弹出的“导入数据”窗口中点击“属性”按钮，在此窗口中选择“定义”选项卡。清空“命令文本”框，键入如下 SQL 语句后点击“确定”按钮。

```
SELECT 目录,LEFT(目录,10) AS 章节,UCASE(LTRIM(RIGHT(目录,LEN(目录)-10))) AS 标题
FROM [目录列表$]
```

查询结果如图 6.6 所示。

	A	B	C
1	目录	章节	标题
2	Chapter 01 A Runaway Reef	Chapter 01	A RUNAWAY REEF
3	Chapter 02 The Pros and Cons	Chapter 02	THE PROS AND CONS
4	Chapter 03 As Master Wishes	Chapter 03	AS MASTER WISHES
5	Chapter 04 Ned Land	Chapter 04	NED LAND
6	Chapter 05 At Random!	Chapter 05	AT RANDOM!
7	Chapter 06 At Full Steam	Chapter 06	AT FULL STEAM
8	Chapter 07 A Whale of Unknown Species	Chapter 07	A WHALE OF UNKNOWN SPECIES
9	Chapter 08 "Mobilis in Mobili"	Chapter 08	"MOBILIS IN MOBILI"
10	Chapter 09 The Tantrums of Ned Land	Chapter 09	THE TANTRUMS OF NED LAND
11	Chapter 10 The Man of the Waters	Chapter 10	THE MAN OF THE WATERS
12	Chapter 11 The Nautilus 068	Chapter 11	THE NAUTILUS 068
13	Chapter 12 Everything through Electricity	Chapter 12	EVERYTHING THROUGH ELECTRICITY
14	Chapter 13 Some Figures	Chapter 13	SOME FIGURES
15	Chapter 14 The Black Current	Chapter 14	THE BLACK CURRENT

转换大小写

图 6.6 大小写转换函数的使用

在此例中，可以观察到所有的“章节”内容都在每项数据的靠左侧的 10 个字符，因此可以使用“LEFT(目录,10)”来求得“章节”；而对于“标题”列，只要把目录项去掉左侧的 10 个字符，剩余的都可以归集到“标题”列中，对于归集后的“标题”，再使用去左侧空格函数 LTRIM 和转换为大写字母 UCASE 函数得到要求的显示格式。

（4）比较两列字符串的值是否相同

现有如图 6.7 所示的工作簿“姓名统计表.xlsx”，表中包含了两列，分别为身份证上的“真实姓名”和通过其他途径统计出的“统计姓名”。现在要对比两列值是否相等。对字符串进行比较，可以使用 STRCOMP 函数或者 CBOOL 函数来实现，详细步骤如下。

	A	B	C
1	真实姓名	统计姓名	
2	王成明	王成明	
3	刘祥	刘翔	
4	黄楠楠	黄南南	
5	郑强	郑强	
6	赵子涵	赵梓涵	
7	李德东	李德东	
8	于清华	于清华	
9	刘凤飞	刘凤飞	
10	潘德林	潘德琳	
11	苗淼	苗淼	

姓名统计表

图 6.7　姓名统计表

步骤 1：在“姓名统计表.xlsx”工作簿中增加一个新的工作表“比较是否相同”，并选中 A1 单元格。

步骤 2：点击“数据”菜单，在“获取和转换数据”组中选择“现有连接”按钮，在打开的“现有连接”窗口中点击“浏览更多...”按钮，在弹出的“选取数据源”窗口中选取“姓名统计表.xlsx”所在的目录，并选择此文件，然后点击“打开”按钮。在弹出的“选择表格”窗口中选择“姓名统计表$”后点击“确定”按钮。

步骤 3：在弹出的“导入数据”窗口中点击“属性”按钮，在此窗口中选择“定义”选项卡。清空“命令文本”框，键入如下 SQL 语句后点击“确定”按钮。

```
SELECT 真实姓名,统计姓名,STRCOMP(真实姓名,统计姓名) AS 比较结果
FROM [姓名统计表$]
```

查询结果如图 6.8 所示。

	A	B	C	D
1	真实姓名	统计姓名	比较结果	
2	王成明	王成明	0	
3	刘祥	刘翔	-1	
4	黄楠楠	黄南南	1	
5	郑强	郑强	0	
6	赵子涵	赵梓涵	-1	
7	李德东	李德东	0	
8	于清华	于清华	0	
9	刘凤飞	刘凤飞	0	
10	潘德林	潘德琳	-1	
11	苗淼	苗淼	0	

比较是否相同

图 6.8　字符串比较函数 STRCOMP 的使用

在此例中，使用 STRCOMP 函数来比较两列值是否相同，结果为 0 的，说明两列值相同，结果不为 0 的，说明两列值不同。

在这个查询中，也可以使用 CBOOL 函数来实现比较操作，SQL 语句为：

```
SELECT 真实姓名,统计姓名,CBOOL(真实姓名=统计姓名) AS 比较结果
FROM [姓名统计表$]
```

查询后的结果如图 6.9 所示。

	A	B	C	D
1	真实姓名	统计姓名	比较结果	
2	王成明	王成明	-1	
3	刘祥	刘翔	0	
4	黄楠楠	黄南南	0	
5	郑强	郑强	-1	
6	赵子涵	赵梓涵	0	
7	李德东	李德东	-1	
8	于清华	于清华	-1	
9	刘凤飞	刘凤飞	-1	
10	潘德林	潘德琳	0	
11	苗淼	苗淼	-1	

比较是否相同

图 6.9　字符串比较函数 CBOOL 的使用

使用 CBOOL 函数时，当比较结果不为 0 时，两列值相同，而当比较结果为 0 时，两列值不同。因此，虽然 STRCOMP 和 CBOOL 函数都可以进行列值的比较，但对于结果的解释是截然不同的。

小结

字符串函数类型多样且功能强大，但是在使用过程中，只有根据查询需要结合多种函数才能达到查询效果。

6.2　日期和时间函数

日期和时间函数在日常工作和学习中使用频率非常高。通过日期和时间函数，可以方便地处理日期和时间，例如返回日期中的特定部分、查询间隔一段时间后的时间点等。

6.2.1　日期和时间函数简介

日期和时间函数根据其功能不同，大致分为返回当前日期（或时间）的函

数、返回日期（或时间）的某个部分的函数、返回两个时间间隔的函数、返回和当前日期间隔一段时间的日期函数、对日期和时间格式化的函数等几类。下面列举常用的日期和时间函数。

（1）返回当前日期或时间

① DATE()

DATE 函数用来返回当前的系统日期，但不包含系统时间。

② NOW()

NOW 函数用来返回当前的系统日期，同时返回系统时间。

（2）返回日期或者时间的某个部分

① WEEKDAY(date[,firstdayofweek])

WEEKDAY 函数用来返回某个日期中的星期值。这个值用数值型来表示。其中，date 参数用来指明某个日期，firstdayofweek 参数为可选项，用来指明哪一天为一周中的第一天。firstdayofweek 的值不同，会得出不同的计算结果，如表 6.1 所示。

表 6.1 firstdayofweek 参数设置

firstdayofweek 的取值	含义
1	指明以“星期日”为一周的第一天
2	指明以“星期一”为一周的第二天
3	指明以“星期二”为一周的第三天
4	指明以“星期三”为一周的第四天
5	指明以“星期四”为一周的第五天
6	指明以“星期五”为一周的第六天
7	指明以“星期六”为一周的第七天
0	以系统设定中指定的第一天为一周的第一天
省略	与值为“1”时相同，指以“星期日”为一周的第一天

当 firstdayofweek 参数的取值为“0”时，以系统指定的某一天为一周中的第一天。这个值是由控制面板的“区域”选项来设置的，具体设置如下。

打开计算机的控制面板，双击“区域”选项，打开“区域”对话框如图 6.10 所示。在“格式”选项卡中，可以对系统默认的“短日期”“长日期”“短时间”“长时间”进行格式的设置，同时可以设置哪一天为“一周的第一天”。系统默认“星期日”为一周的第一天。

例如，2020 年 1 月 1 日为星期三，使用 SQL 语句“SELECT WEEKDAY(#2020/1/1#)”返回值为 4；而 SQL 语句“SELECT WEEKDAY(#2020/1/1#,2)”将会返回值 3，这是因为设置了参数 firstdayofweek 的值为“2”，意为将“星期一”指定为一周的第一天，那么星期三即为一周中的第 3 天了。

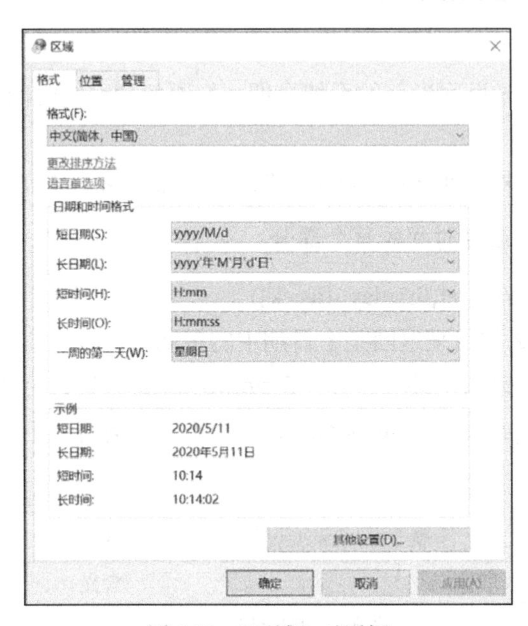

图 6.10 “区域”对话框

② WEEKDAYNAME(weekday[,abbreviate[,firstdayofweek]])

WEEKDAYNAME 函数用字符类型来表示星期值。其中，参数 weekday 用来指明一周中的第几天；参数 abbreviate 为布尔类型，意为是否缩写星期值，当取值为 0 或者省略时，表示以“星期几”给出结果，当取值为 1 时，表示缩写，用“周几”给出结果；参数 firstdayofweek 用法同 WEEKDAY 函数，用来指明哪一天为一周的第一天。

例如，执行 SQL 语句“SELECT WEEKDAYNAME(1,0,1)”后的结果为“星期日”，其中第一个参数“1”指的是要“查询一周的第一天是星期几”；第二个参数“0”指的是结果要以“星期几”的形式给出，而不能以“周几”的形式给出；第三个参数“1”指明“周日为一周的第一天”。此 SQL 语句的含义为：以周日为一周的第一天，查询一周的第一天为“星期几”。同理，SQL 语句“SELECT WEEKDAYNAME(2,1,1)”的含义为：以周日为一周的第一天，查询一周的第二天为“周几”，查询后的结果为“周一”。

③ MONTHNAME(month[,abbreviate])

MONTHNAME 函数用字符类型来表示月份。其中，参数 month 以数值型来指明月份，“1”指一月份，“2”指二月份……以此类推。参数 abbreviate 的用法与 WEEKDAYNAME 类似，指是否以缩写形式给出月份值，当其取值为 0 或者省略时，以“一月”“二月”等形式给出查询结果，当其取值为 1 时，以“1 月”“2 月”等形式给出查询结果。

例如，SQL 语句“SELECT MONTHNAME(3)”的结果为“三月”，而“SELECT MONTHNAME(3,1)”的结果为“3 月”。

④ YEAR(date)

YEAR 函数用来返回某个日期的“年”部分。其中，参数 date 为日期值，可以是由函数 DATE()获得的系统日期，也可以是日期常量。如果为日期常量，需要用成对的单引号（''）、双引号（""）或者井号（##）括起来。当给出的日期常量中缺省年份时，则默认系统时间的年份为当前年份。

⑤ MONTH(date)

MONTH 函数用来返回某个日期的“月”部分。参数 date 的含义与 YEAR 函数相同。

⑥ DAY(date)

DAY 函数用来返回某个日期的“日”部分。参数 date 的含义与 YEAR 函数相同。

例如，假设当前系统日期为“2020/5/1”，则在执行 SQL 语句“SELECT YEAR(DATE()),MONTH(DATE()),DAY(DATE()),YEAR(#2020/3/1#),YEAR(#5/1#)”后，返回的结果依次为“2020”“5”“1”“2020”和“2020”。

⑦ HOUR(time)

HOUR 函数用来返回某个时间的“时”部分。其中，参数 time 为时间类型，可以是由函数 NOW()获得的系统时间，也可以是时间常量。如果为时间常量，需要用成对的单引号（''）、双引号（""）或者井号（##）括起来。当给出的时间常量中只有“时”“分”“秒”三个值的其中两个时，则默认为“时”和“分”，“秒”默认为 0。

⑧ MINUTE(time)

MINUTE 函数用来返回某个时间的“分”部分。参数 time 的含义同 HOUR 函数。

⑨ SECOND(time)

SECOND 函数用来返回某个时间的“秒”部分。参数 time 的含义同 HOUR 函数。

例如，假设在时间为“14:34:56”时执行 SQL 语句“SELECT HOUR(NOW()),MINUTE(NOW()),SECOND(NOW())”，返回的结果依次为“14”“34”和“56”。在只有两个值的情况下，如执行 SQL 语句“SELECT HOUR(#11:32#),MINUTE(#12:45#),SECOND(#11:32#)”后，返回的结果依次为“11”“45”和“0”。

⑩ DATEPART(interval,date[,firstdayofweek[,firstweekofyear]])

DATEPART 函数用来返回某个日期的指定部分。其中，参数 interval 为字符类型，用来指定返回的时间间隔的类型，其取值的相应说明见表 6.2。参数 date 为日期型，用来指定参与运算的日期。

参数 firstdayofweek 用来指定一周中第一天，此参数只有在 interval 参数设置为“w”或者“ww”时才有意义，如果 interval 参数设置为其他参数，则可以忽略 firstdayofweek 参数。当 interval 参数为“w”或者“ww”且忽略 firstdayofweek 参数时，则默认“周日为一周的第一天”。firstdayofweek 参数的详细说明见表 6.1。

表 6.2　函数 DATEPART 的 interval 参数设置

interval 的取值	含义
yyyy	返回日期中“年”部分，作用与 YEAR()相同
y	一年中的某一天,返回值的取值范围为 1～366
q	返回日期的“季度”部分
m	返回日期中“月”部分，作用与 MONTH()相同
d	返回日期中“日”部分，作用与 DAY()相同
w	返回日期中“星期”部分，作用与 WEEKDAY()相同
ww	返回当前日期为一年中的第几周，返回值的取值范围为 1～53
h	返回时间中“时”部分，作用与 HOUR()相同
n	返回时间中“分”部分，作用与 MINUTE()相同
s	返回时间中“秒”部分，作用与 SECOND()相同

参数 firstweekofyear 用来指定一年的第一周，此参数只有在 interval 参数设置为“ww”时才有意义，如果 interval 参数设置为其他参数，则可以忽略此参数。当 interval 参数为“ww”且忽略 firstweekofyear 参数时，则指“当年的 1

月 1 日所在周为第一周”。firstweekofyear 参数的详细说明见表 6.3。

表 6.3 firstdayofyear 参数设置

firstdayofyear 的取值	含义
0	以系统设置的第一周为准
1	以 1 月 1 日所在周为第一周
2	至少包含四天的第一周为当年的第一周
3	第一个包含全周的周为当年的第一周

例如，2020 年 2 月 8 日为 2020 年第 6 周的周六，是 2020 年的第 39 天，执行 SQL 语句“SELECT DATEPART("yyyy",#2020/2/8#),DATEPART("y",#2020/2/8#),DATEPART("d",#2020/2/8#),DATEPART("w",#2020/2/8#),DATEPART("ww",#2020/2/8#)”后，结果依次为“2020”“39”“8”“7”和“6”。而在执行 SQL 语句“SELECT DATEPART("ww",#2020/2/8#,0,3)”后，其结果由“6”变为“5”。这是因为将参数 firstdayofyear 的值设置为 3，指明“第一个包含全周的周为当年的第一周”，2020 年 1 月 1 日为周三，这一天所在周的下一周才成为 2020 年的第一周。

（3）返回两个时间间隔

DATEDIFF(interval,date1,date2[,firstdayofweek[,firstdayofyear]])函数介绍如下。

DATEDIFF 函数用来返回两个指定时间的时间差。其中，参数 interval 为字符类型，用来指定返回的时间间隔的类型，其取值的相应说明见表 6.4。参数 date1 和 date2 为日期型的数值，是用来计算时间间隔的两个日期。

表 6.4 函数 DATEDIFF 的 interval 参数设置

interval 的取值	含义
yyyy	返回 date1 和 date2 两个日期间隔的年数
y	返回 date1 和 date2 两个日期间隔的天数
q	返回 date1 和 date2 两个日期间隔的季度数
m	返回 date1 和 date2 两个日期间隔的月数
d	返回 date1 和 date2 两个日期间隔的天数
w	返回 date1 和 date2 两个日期之间不包含 date1 所在日期在内的整 7 天的数量
ww	返回 date1 和 date2 两个日期之间不包含 date1 所在日期在内的“星期日”的数量
h	返回 date1 和 date2 两个时间间隔的小时数
n	返回 date1 和 date2 两个时间间隔的分钟数
s	返回 date1 和 date2 两个时间间隔的秒数

参数 firstdayofweek 的用法同 WEEKDAY 函数，用来指定一周的第一天，如果省略，则默认周日为一周的第一天，取其他值的含义详见表 6.1。此参数只有在 interval 参数设置为“w”或者“ww”时才有意义，如果 interval 参数设置为其他参数，则可以忽略 firstdayofweek 参数。当 interval 参数为“w”或者“ww”且忽略 firstdayofweek 参数时，则默认“周日为一周的第一天”。值得注意的是，如果 interval 取值为“ww”，且 firstdayofweek 取值为 2～7 时，则 DATEDIFF 函数将返回 date1 和 date2 两个日期之间不包含 date1 所在日期在内的“非星期日”（如果 firstdayofweek 的取值为 2，则为“星期一”，取值为 3，则为“星期二”……以此类推）的数量。

例如，以图 6.11 所示的 2020 年 5 月份的日历为例，求 2020 年 5 月 1 日和 2020 年 5 月 12 日两个时间之间的间隔。

2020年5月

日	一	二	三	四	五	六
26 初四	27 初五	28 初六	29 初七	30 初八	1 劳动节	2 初十
3 十一	4 十二	5 立夏	6 十四	7 十五	8 十六	9 十七
10 十八	11 十九	12 二十	13 廿一	14 廿二	15 廿三	16 廿四
17 廿五	18 廿六	19 廿七	20 小满	21 廿九	22 三十	23 闰四月
24 初二	25 初三	26 初四	27 初五	28	29	30

图 6.11　2020 年 5 月日历图

当执行 SQL 语句“SELECT DATEDIFF("d",#2020/5/1#,#2020/5/12#)”时，查询两个日期之间的间隔天数，结果为“11”。需要注意的是，把“d”替换成“y”可以得到相同的查询结果。

当执行 SQL 语句“SELECT DATEDIFF("ww",#2020/5/1#,#2020/5/12#), DATEDIFF("w",#2020/5/1#,#2020/5/12#)”时，分别查询两个日期之间（不含 2020 年 5 月 1 日）包含的周日（firstdayofweek 省略，默认为周日）的数量（包含 5 月 3 日和 5 月 10 日两天）和整 7 天的数量，结果分别为“2”和“1”。

当执行 SQL 语句“SELECT DATEDIFF("ww",#2020/5/1#,#2020/5/12#,3), DATEDIFF("ww",#2020/5/1#,#2020/5/12#,4)”时，分别查询两个日期之间（不含 2020 年 5 月 1 日）包含的周二的数量（firstdayofweek 取值为 3，5 月 5 日和 5 月 12 日均为周二）和包含的周三的数量（firstdayofweek 取值为 4，只有 5 月 6 日为周三），结果分别为“2”和“1”。

参数 firstdayofyear 的用法同 DATEPART 函数，用来指定一年的第一周，如果省略，则默认 1 月 1 日所在周为第一周，取其他值的含义详见表 6.3。参数 firstweekofyear 用来指定一年的第一周，此参数只有在 interval 参数设置为“ww”时才有意义，如果 interval 参数设置为其他参数，则可以忽略 firstweekofyear 参数。当 interval 参数为“ww”且忽略 firstweekofyear 参数时，则指“当年的 1 月 1 日所在周为第一周”。

（4）返回与指定日期间隔一段时间的日期

DATEADD(interval,number,date)函数介绍如下。

DATAADD 函数返回与指定日期间隔一段时间的日期。其中，参数 interval 为字符类型，用来指定时间间隔的类型，其取值相应说明见表 6.5。参数 number 为数值型表达式，用来指明间隔的数量。参数 date 为日期或时间类型，指明要增加间隔的基数日期或时间。

表 6.5　函数 DATEADD 的 interval 参数设置

interval 的取值	含义
yyyy	返回日期 date 之后间隔数量为 number“年”的日期
y	返回日期 date 之后间隔数量为 number“天”的日期
q	返回日期 date 之后间隔数量为 number“季度”的日期
m	返回日期 date 之后间隔数量为 number“月”的日期
d	返回日期 date 之后间隔数量为 number“天”的日期
w	返回日期 date 之后间隔数量为 number“天”的日期
ww	返回日期 date 之后间隔数量为 number“星期”的日期
h	返回时间 date 之后间隔数量为 number“小时”的日期
n	返回时间 date 之后间隔数量为 number“分钟”的日期
s	返回时间 date 之后间隔数量为 number“秒”的日期

当 interval 的取值为“y”“d”和“w”时，其作用类似，均能返回当前日期 date 之后间隔数量为 number“天”的日期。

下面举例说明 DATEADD 函数的使用方法。

当执行 SQL 语句“SELECT DATEADD("yyyy",3,#2018/6/1#),DATEADD("q",3,#2018/6/1#),DATEADD("m",3,#2018/6/1#)”时，分别查询 2018 年 6 月 1 日之后间隔“三年”“三个季度”和“三个月”的日期，结果分别为：2021/6/1、2019/3/1 和 2018/9/1。

当执行 SQL 语句“SELECT DATEADD("y",3,#2018/6/1#),DATEADD("d",3,#2018/6/1#),DATEADD("w",3,#2018/6/1#)”时，虽然参数不同，但都是查询 2018 年 6 月 1 日之后间隔“三天”的日期，结果均为 2018/6/4。

当执行 SQL 语句“SELECT DATEADD("w",3,#2020/4/1#),DATEADD("ww",3,#2020/4/1#)”时，分别查询 2020 年 4 月 1 日之后间隔“三天”和“三周”的日期，结果分别为：2020/4/4、2020/4/22。

需要注意的是，number 参数可以为正数，也可以为负数。为正数时，返回基数日期 data 之后的日期；为负数时，返回基数日期 date 之前的日期。

（5）对日期和时间格式化

FORMAT(date，style)函数介绍如下。

FORMAT 函数将指定日期按照某种格式返回。其中，参数 date 是日期型数据，指要按照某种格式返回的日期。参数 style 是返回的日期格式，其取值的相应说明见表 6.6。

表 6.6　函数 FORMAT 的 style 参数设置

style 的取值	含义
long date	返回“长日期”格式
medium date	返回“中日期”格式
short date	返回“短日期”格式
long time	返回“长时间”格式
medium time	返回“中时间”格式
short time	返回“短时间”格式
c	返回标准日期

假设当前时间为“2020/5/13 10:47:38”，执行 SQL 语句“SELECT FORMAT(NOW(),"long date") AS 长日期,FORMAT(NOW(),"medium date") AS 中日期,FORMAT(NOW(),"short date") AS 短日期 ,FORMAT(NOW(),"long time") AS 长时间,FORMAT(NOW(),"medium time") AS 中时间,FORMAT(NOW(),"short time") AS 短时间,FORMAT(NOW(),"c") AS 标准日期”，结果如图 6.12 所示。

长日期	中日期	短日期	长时间	中时间	短时间	标准日期
2020年5月13日	20-05-13	2020/5/13	10:58:23	10:58 上午	10:58	2020/5/13 10:58:23

图 6.12　FORMAT 函数执行结果

需要注意的是，style 的格式不是一成不变的，其格式是受控制面板中的“区域”对话框的设置影响的，详见图 6.10。

6.2.2 日期和时间函数综合运用

在工作生活中，涉及日期和时间的数据非常多，灵活运用日期时间函数，可以达到事半功倍的效果。

（1）查询产品的到期日期

现有如图 6.13 所示的工作簿“产品批次表.xlsx”，列出了某化妆品专柜现有产品的生产日期和保质期。现在要求查询出每种产品的“到期日期”，并按照到期日期的升序排序，以便快速排查到期产品。从表中可以看出，在“生产日期”上增加“保质期（年）”的年份就可以得到产品的“到期日期”。因此，此例中要用到 DATEADD 函数，同时配合 ORDER BY 子句对结果进行排序，详细步骤如下。

	A	B	C
1	商品代码	生产日期	保质期（年）
2	A0101	2018/3/12	3
3	A0302	2019/4/2	3
4	A0503	2020/1/21	3
5	B0501	2019/5/30	2
6	B0302	2019/9/29	2
7	B0303	2019/6/18	2
8	B0304	2019/9/5	2
9	C0101	2020/3/28	5
10	C0202	2019/2/3	5
11	C0203	2019/12/29	5

产品批次表

图 6.13 产品批次表

步骤 1：在“产品批次表.xlsx”工作簿中增加一个新的工作表“查询到期日期”，并选中 A1 单元格。

步骤 2：点击“数据”菜单，在“获取和转换数据”组中选择“现有连接”按钮，在打开的“现有连接”窗口中点击“浏览更多...”按钮，在弹出的“选取数据源”窗口中选取“产品批次表.xlsx”所在的目录，并选择此文件，然后点击“打开”按钮。在弹出的“选择表格”窗口中选择“产品批次表$”后点击“确定”按钮。

步骤 3： 在弹出的“导入数据”窗口中点击“属性”按钮，在此窗口中选择“定义”选项卡。清空“命令文本”框，键入如下 SQL 语句后点击“确定”按钮。

```
    SELECT 商品代码,生产日期,[保质期(年)],DATEADD("yyyy",[保质期(年)],生产日期)
AS 到期日期
    FROM [产品批次表$]
    ORDER BY DATEADD("yyyy",[保质期(年)],生产日期)
```

查询结果如图 6.14 所示。

	A	B	C	D
1	商品代码	生产日期	保质期(年)	到期日期
2	A0101	2018/3/12	3	2021/3/12
3	B0501	2019/5/30	2	2021/5/30
4	B0303	2019/6/18	2	2021/6/18
5	B0304	2019/9/5	2	2021/9/5
6	B0302	2019/9/29	2	2021/9/29
7	A0302	2019/4/2	3	2022/4/2
8	A0503	2020/1/21	3	2023/1/21
9	C0202	2019/2/3	5	2024/2/3
10	C0203	2019/12/29	5	2024/12/29
11	C0101	2020/3/28	5	2025/3/28
12				

查询到期日期

图 6.14　查询到期日期

（2）查询当月生日名单

现有如图 6.15 所示的工作簿“班级花名册.xlsx”，列出了某班级学生的学号、姓名、性别及出生年月。班级在每月的 1 日为当月生日的同学过生日。假设现在要查找所有在 5 月份过生日的同学，那么需要查询出生日期中的“月份”为“5”的所有同学的信息，因此要用到 DATEPART 函数，详细步骤如下。

步骤 1： 在“班级花名册.xlsx”工作簿中增加一个新的工作表“查询月份”，并选中 A1 单元格。

步骤 2： 点击“数据”菜单，在“获取和转换数据”组中选择“现有连接”按钮，在打开的“现有连接”窗口中点击“浏览更多…”按钮，在弹出的“选取数据源”窗口中选取“班级花名册.xlsx”所在的目录，并选择此文件，然后点击“打开”按钮。在弹出的“选择表格”窗口中选择“班级花名册$”后点击“确定”按钮。

	A	B	C	D
1	学号	姓名	性别	出生年月
2	1	李向明	男	2010/2/5
3	2	赵子豪	男	2010/5/14
4	3	朱蓓贤	男	2009/12/15
5	4	刘子衿	女	2009/10/14
6	5	王祥旭	男	2010/1/5
7	6	李子轩	男	2010/5/12
8	7	张瑞雪	女	2010/5/15
9	8	随子蒙	男	2009/11/14
10	9	华美琴	女	2010/6/15
11	10	王德林	男	2010/5/7
12	11	甄金秋	女	2009/9/5
13	12	赵紫萱	女	2010/6/11
14	13	侯莉莉	女	2010/1/15
15	14	慕睿轩	男	2010/8/11
16	15	梁青青	女	2010/8/20

班级花名册

图 6.15　班级花名册

步骤 3： 在弹出的“导入数据”窗口中点击“属性”按钮，在此窗口中选择“定义”选项卡。清空“命令文本”框，键入如下 SQL 语句后点击“确定”按钮。

```
SELECT 学号,姓名,性别,出生年月,DATEPART("m",出生年月) AS 出生月份
FROM [班级花名册$]
WHERE DATEPART("m",出生年月)=5
```

查询结果如图 6.16 所示。

	A	B	C	D	E
1	学号	姓名	性别	出生年月	出生月份
2	2	赵子豪	男	2010/5/14	5
3	6	李子轩	男	2010/5/12	5
4	7	张瑞雪	女	2010/5/15	5
5	10	王德林	男	2010/5/7	5
6					

查询月份

图 6.16　查询月份

（3）查询在职时间最长的员工

以第 5 章图 5.1 所示的工作簿“员工信息表.xlsx”为例，表中列出了员工的“工号”“姓名”“入职时间”等信息。假设公司在年底要给在职时间最长的前五名员工颁发入职年限奖励，如何查询出这五名员工的信息？

首先要求出“在职时间”，这个时间是“当前时间”和“入职时间”的时间差，可以使用 DATEDIFF 函数和 DATE 函数求出。其次要对“在职时间”排序，求得前五名的信息，可以用 TOP 谓词和 ORDER BY 子句搭配来实现，步骤如下。

步骤 1： 在“员工信息表.xlsx”工作簿中增加一个新的工作表“查询在职时间”，并选中 A1 单元格。

步骤 2： 点击“数据”菜单，在“获取和转换数据”组中选择“现有连接”按钮，在打开的“现有连接”窗口中点击“浏览更多...”按钮，在弹出的“选取数据源”窗口中选取“员工信息表.xlsx”所在的目录，并选择此文件，然后点击“打开”按钮。在弹出的“选择表格”窗口中选择“员工信息表$”后点击“确定”按钮。

步骤 3： 在弹出的“导入数据”窗口中点击“属性”按钮，在此窗口中选择“定义”选项卡。清空“命令文本”框，键入如下 SQL 语句后点击“确定”按钮。

```
SELECT TOP 5 DATEDIFF("d",入职时间,DATE()) AS [在职时间(天)],*
FROM [员工信息表$]
ORDER BY DATEDIFF("d",入职时间,DATE()) DESC
```

查询结果如图 6.17 所示。

	A	B	C	D	E
1	在职时间(天)	工号	姓名	部门_（合同为准）	入职时间
2	3030	C1001	宗美丽	售后部	2012/1/26
3	2969	B1002	华东强	采购部	2012/3/27
4	2941	B1001	李梅	采购部	2012/4/24
5	2540	A1001	刘强	销售部	2013/5/30
6	2424	C1002	郑香梅	售后部	2013/9/23

员工信息表 | 查询在职时间

图 6.17　查询在职时间

小结

日期时间函数使用起来方便快捷，能够快速的处理日期和时间数据。但对于有些函数中包含 interval 参数且取值为“w”或者“ww”时，对 firstdayofweek 以及 firstdayofyear 参数的设置会直接影响其运算结果，这一点需要在使用时重点关注。

6.3 数学函数

数学函数在工作中有着广泛的应用，通常用来进行数值运算和三角函数的运算。例如，对数值型数据取整、取余、取绝对值、求随机数，利用三角函数求正弦、余弦、正切、反正切等。

6.3.1 数学函数简介

数学函数按照其功能大致分为以下几类。

（1）常用数学函数

① ABS(expression)

ABS 函数用来计算一个数值表达式的绝对值。其中，参数 expression 为要取绝对值的数值或者数值表达式。

例如，执行 SQL 语句“SELECT ABS(-100)”后，输出的结果为 100。

② MOD

MOD 函数用来返回两数相除后的余数，其语法格式为：

```
number MOD divisor
```

其中，number 为被除数而 divisor 为除数。当 number 和 divisor 都为正数，或者 number 为正数而 divisor 为负数时，结果为正数；当 number 和 divisor 都为负数，或者 number 为负数而 divisor 为正数时，结果为负数。

如果 number 或 divisor 为小数，函数将按照“四舍六入五成双”的规则取整后再进行取余运算。

③ ROUND(expression[,num_digits])

ROUND 函数用来返回一个数值，该数值是按照指定的小数位数进行“四舍六入五成双”运算的结果。其中，参数 expression 为要参加运算的带有小数的数值或者数值表达式。参数 num_digits 为可选项，指执行运算时要保留的小数点后的位数，如果省略，则按照“四舍六入五成双”的规则返回一个整数。

“四舍六入五成双”是一种比较精确的计数保留法，是对小数点后的数字如何取舍的一种数字修约规则。“四舍”是指当要舍去的数位上的数字小于等于 4 时，将舍去此数位及其右面数位上的数值，不再进位。“六入”是指当要舍去的数位上的数字大于等于 6 时，将进一位到左边的数位。“五成双”是指当要舍去的数位上的数字为 5 时，则要根据 5 右面的数字来判断：当 5 右面有数值时，进一位到左边数位；当 5 右面无有效数值时，需要分两种情况，5 左边为奇数时，进一位到左边数位，5 左边为偶数（0 是偶数）时，舍去此数位及其右边的数值，不再进位。

例如，当执行 SQL 语句“SELECT ROUND(1.45,1),ROUND(1.35,1),ROUND(5.5),ROUND(4.5),ROUND(5.51)”后，执行结果分别为：1.4，1.4，6，4，6。

④ CINT(expression)

CINT 函数与 ROUND 函数类似，但只能按照“四舍六入五成双”的规则返回一个整数，不能返回某个精度的小数。其中，参数 expression 为要参加运算的带有小数的数值或者数值表达式。

例如，执行 SQL 语句“SELECT CINT(375.5),CINT(2664.5),CINT(5.51),CINT(5.50)”后，执行结果分别为：376，2664，6，6。

⑤ INT(expression)

INT 函数用于返回一个整数。其中，参数 expression 为要参加运算的带有小数的数值或者数值表达式。如果该数值为正数，则直接返回数值的整数部分；如果该数值为负数，则返回一个不超过该数值的最大整数。

⑥ FIX(expression)

FIX 函数同样用于返回一个整数。其中，参数 expression 为要参加运算的带有小数的数值或者数值表达式。如果该数值为正数，其作用和 INT 函数相同，直接返回数值的整数部分；如果该数值为负数，则返回一个大于或等于该数值的最小整数。

例如：执行 SQL 语句“SELECT INT(3.9),INT(−3.8),INT(−4.1),FIX(3.8),FIX(−3.1),FIX(−4.5)”后，执行结果分别为：3，−4，−5，3，−3，−4。

（2）三角函数

① SIN(number)

SIN 函数用来返回指定数值的正弦值。其中，参数 number 为指定的弧度值。

② COS(number)

COS 函数用来返回指定数值的余弦值。其中，参数 number 为指定的弧度值。

③ TAN(number)

TAN 函数用来返回指定数值的正切值。其中，参数 number 为指定的弧度值。

④ ATN(number)

ATN 函数用来返回指定数值的反正切值。其中，参数 number 为要求反正切值的数值。

弧度（rad）和角度是可以相互转换的。2πrad=360°，因此 1°≈0.0174533rad，1rad≈57.29578°。当把角度转换为弧度时：弧度=角度÷180×3.1416。当把弧度转换为角度时：角度=弧度×180÷3.1416。

例如，执行 SQL 语句“SELECT ROUND(ATN(1)*180/3.1416)”后，会得到结果“45°”。

6.3.2 数学函数综合运用

（1）求直角三角形的斜边长

现有如图 6.18 所示的“直角三角形数据表”，表中列出了多个直角三角形的某个锐角 A 的角度，以及锐角 A 的对边 a 的长度，如何求每个直角三角形的斜边长度 c？

根据三角函数可知，SIN（A）=a/c，那么 c=a/SIN（A）。因此，求斜边 c 可以使用正弦函数 SIN，步骤如下。

步骤 1：在工作簿“直角三角形数据表.xlsx”中增加一个新的工作表“求斜边长度”，并选中 A1 单元格。

步骤 2：点击“数据”菜单，在“获取和转换数据”组中选择“现有连接”按钮，在打开的“现有连接”窗口中点击“浏览更多…”按钮，在弹出的“选取数据源”窗口中选取“直角三角形数据表.xlsx”所在的目录，并选择此文件，然后点击“打开”按钮。在弹出的“选择表格”窗口中选择“直角三角形数据表$”后点击“确定”按钮。

	A	B	C	D
1	编号	夹角A	对边a	
2	1	20	40	
3	2	30	36	
4	3	45	53	
5	4	50	86	
6	5	60	80	
7	6	70	48	
8	7	80	20	

直角三角形数据表 ...

图 6.18 直角三角形数据表

步骤 3： 在弹出的“导入数据”窗口中点击“属性”按钮，在此窗口中选择“定义”选项卡。清空“命令文本”框，键入如下 SQL 语句后点击“确定”按钮。查询结果如图 6.19 所示。

```
SELECT 编号,夹角A,对边a,ROUND(对边a/SIN(夹角A/180*3.1416)) AS 斜边长
FROM [直角三角形数据表$]
```

编号	夹角A	对边a	斜边长
1	20	40	117
2	30	36	72
3	45	53	75
4	50	86	112
5	60	80	92
6	70	48	51
7	80	20	20

图 6.19　求斜边长度

（2）求货物摆渡所需时间

现有如图 6.20 所示的工作簿“货物摆渡表.xlsx”，详细列出了某港口货物的摆渡数据。每种货物由多辆相同载重的摆渡车完成运输，每车来回运输一趟货物（包括装卸车）的时间是确定的，现在要求查询每种货物摆渡所需要的总时长（天）。假设所有车辆平均分担对应的运送任务，首先求出每辆车运送某种货物大概需要多少个来回，这个过程可以使用 ROUND 函数来实现；其次用“所需要的来回次数”和“单车运送时间（小时）”相乘，得出一共需要多少小时的运送时间；最后，把得出的小时数除以 24 并使用 FIX 函数取整，得出运送货物所需要的天数。详细步骤如下。

货品代码	总重量(吨)	车辆数	每车载重(吨)	单车运送时间(小时)
1001	1200	10	2.5	2
2001	3400	20	3.5	3
3002	2400	15	2.5	2
3005	1020	10	4	4
3007	400	8	3.5	3
4001	4080	30	3	2.5
4002	800	5	2.5	2
5001	1600	10	4	4
5007	6800	40	5	5
6002	4300	30	4	4
6004	2900	25	3.5	3

图 6.20　货物摆渡表

步骤 1：在“货物摆渡表.xlsx”工作簿中增加一个新的工作表“求所需时长”，并选中 A1 单元格。

步骤 2：点击“数据”菜单，在“获取和转换数据”组中选择“现有连接”按钮，在打开的“现有连接”窗口中点击“浏览更多…”按钮，在弹出的“选取数据源”窗口中选取“货物摆渡表.xlsx”所在的目录，并选择此文件，然后点击“打开”按钮。在弹出的“选择表格”窗口中选择“货物摆渡表$”后点击“确定”按钮。

步骤 3：在弹出的“导入数据”窗口中点击“属性”按钮，在此窗口中选择“定义”选项卡。清空“命令文本”框，键入如下 SQL 语句后点击“确定”按钮。

```
SELECT *,FIX(ROUND([总重量(吨)]/车辆数/[每车载重(吨)],1)*[单车运送时间(小时)]/24) AS [总时间(天)]
FROM [货物摆渡表$]
```

查询结果如图 6.21 所示。

	A	B	C	D	E	F
1	总时间(天)	货品代码	总重量(吨)	车辆数	每车载重(吨)	单车运送时间(小时)
2	4	1001	1200	10	2.5	2
3	6	2001	3400	20	3.5	3
4	5	3002	2400	15	2.5	2
5	4	3005	1020	10	4	4
6	1	3007	400	8	3.5	3
7	4	4001	4080	30	3	2.5
8	5	4002	800	5	2.5	2
9	6	5001	1600	10	4	4
10	7	5007	6800	40	5	5
11	5	6002	4300	30	4	4
12	4	6004	2900	25	3.5	3
13						

货物摆渡表 | 求所需时长 | Sheet ...

图 6.21　求货物摆渡所需时间

小结

对于数值型数据的处理，习惯上常用“四舍五入”的思维去取整或进位，但在 SQL in excel 中，更多采用的是“四舍六入五成双”的规则，这是一种更加精确的数字修约规则，在科学数据的处理中普遍被使用。

6.4 其他函数

SQL 的函数非常丰富，除了按照操作对象的数据类型进行分类的函数外，还有一些函数的应用也十分广泛，可以将之归类为其他类型的函数，包含转换函数和条件分支函数等。本小节将介绍几种常用的这类函数。

6.4.1 其他函数简介

（1）转换函数

① CDATE(expression)

CDATE 函数用于将字符串类型的数据转换为日期型数据。其中，参数 expression 为要转换的字符型数据，虽然此参数为字符类型，但必须是一个可转换为日期的字符串。

② ISDATE(expression)

ISDATE 函数用来返回一个逻辑值，表明参数 expression 是否可以转换为日期或者时间。

③ VAL(string)

VAL 函数用来返回一个字符串中能够识别的数字。其中，参数 string 为字符串表达式，VAL 函数会将其不能识别为数字的字符全部去除，并在其不能识别为数字的第一个字符处停止读取字符串。VAL 可以识别的字符包括：八进制数的前缀（“&O”）以及十六进制数的前缀（“&H”），“真”（识别为“1”）以及“假”（识别为“0”），半角句号“.”（识别为“小数点”）。

④ CSTR(expression)

CSTR 函数用来将表达式转换为字符串。其中，参数 expression 为用来转换的表达式。当 expression 为逻辑类型（“TRUE”或者“FLASE”）时，将返回字符串“-1”或者“0”；为空时，将返回零长度的字符串。

⑤ CLNG(expression)

CLNG 函数用来将表达式转换为长整型数值。其中，参数 expression 为用来转换的表达式。当 expression 包含小数时，将按照“四舍六入五成双”的规则取整后再参与运算。

（2）条件判断函数

① SWITCH(expr1,value1[,expr2,value2[,exprn,valuen]])

SWITCH 函数根据表达式列表中的值，返回列表中最先为“真”（TRUE）的表达式所对应的数值或数值表达式。其中，参数 expr 是要判断的表达式，如果 expr 为“真”，将返回与之相对应的参数 value 的值。如果有多个参数 expr 的值为真，则返回最先为“真”的 value 值。如果所有 expr 的值都为“假”（FLASE），或者第一个为“真”的表达式的对应值为“空”（null），则 SWITCH 函数会返回空值。

虽然 SWITCH 函数最终只返回其中的一个值，但是 SWITCH 函数会计算所有的 expr 表达式的值。只要其中一个表达式导致错误，则运行结果就会发生错误。

② IFF(expr,truepart[,falsepart])

IFF 函数根据表达式 expr 的值，返回 truepart 或者 falsepart 两部分中的其中一个。其中，参数 expr 是用来判断“真”或“假”的表达式。expr 的值可以为逻辑型、空值、数值型或者字符类型。当 expr 为逻辑值“真”时，返回参数 truepart 部分的表达式或者值；当 expr 为逻辑值“假”时，返回参数 falsepart 部分的表达式或者值。当 expr 为空值时，将作为“假”来处理。当 expr 为字符类型时，将作为“真”来处理。当 expr 为数值型时，数值为 0 将作为“假”来处理，而非零数据将作为“真”来处理。参数 falsepart 可以为省略，省略后，falsepart 将返回空值。

IFF 函数只能从两个结果中选择其一，但是可以使用嵌套来实现多重选择，但嵌套层数不能超过 14 层。只要嵌套中的任何一部分出错，其结果都会出错。

6.4.2　其他函数综合运用

本书中所论述的其他函数包含了转换函数和条件判断函数，下面举例说明其使用方法。

（1）提取身份证中的生日信息

现有如图 6.22 所示的工作簿“客户信息表.xlsx”，表中列出了某营销中心的客户姓名及其身份证信息。假如营销中心要根据客户的生日派发礼物，应如何从身份证号码中提取生日信息？

从二代身份证号码的编码规则可知，身份证号码由十七位数字本体码和一位校验码组成。排列顺序从左至右依次为：六位数字地址码，八位数字出生日期码，三位数字顺序码和一位数字校验码。从第 7 位到第 14 位为出生日期，因此，可以首先使用 MID 函数将出生日期从身份证号码中截取出来。截取时，要分别截取“年”“月”“日”部分，并用字符串连接运算符“&”将三者和日期间隔符“/”连接起来，此时获取的数据为字符类型；然后使用 CDATE 函数将其转化为日期型数据，详细步骤如下。

步骤 1： 在“客户信息表.xlsx”工作簿中增加一个新的工作表“求日期型数据”，并选中 A1 单元格。

步骤 2： 点击“数据”菜单，在“获取和转换数据”组中选择“现有连接”按钮，在打开的“现有连接”窗口中点击“浏览更多...”按钮，在弹出的“选取数据源”窗口中选取“客户信息表.xlsx”所在的目录，并选择此文件，然后点击“打开”按钮。在弹出的“选择表格”窗口中选择“客户信息表$”后点击“确定”按钮。

	A	B	C	D
1	序号	客户代表	客户名称	身份证号
2	1	A021	刘欣欣	******199002110043
3	2	A005	王林生	******198603065321
4	3	A011	郑月娥	******199207212028
5	4	A033	赵旺旺	******199108232341
6	5	B043	林森森	******199403281554
7	6	B027	刘琦	******199606260051
8	7	B029	仇真	******198203270446
9	8	C034	高艳艳	******197811101214
10	9	C063	刘旺华	******197605210247
11	10	C062	冯宗兴	******199305030349

客户信息表

图 6.22 客户信息表

步骤 3： 在弹出的“导入数据”窗口中点击“属性”按钮，在此窗口中选择“定义”选项卡。清空“命令文本”框，键入如下 SQL 语句后点击“确定”按钮。

```
SELECT 序号,客户代表,客户名称,身份证号,CDATE(MID(身份证号,7,4)&"/"&MID(身份证号,11,2)&"/"&MID(身份证号,13,2)) AS 出生年月
FROM [客户信息表$]
```

查询结果如图 6.23 所示。

	A	B	C	D	E
1	序号	客户代表	客户名称	身份证号	出生年月
2	1	A021	刘欣欣	******199002110043	1990/2/11
3	2	A005	王林生	******198603065321	1986/3/6
4	3	A011	郑月娥	******199207212028	1992/7/21
5	4	A033	赵旺旺	******199108232341	1991/8/23
6	5	B043	林森森	******199403281554	1994/3/28
7	6	B027	刘琦	******199606260051	1996/6/26
8	7	B029	仇真	******198203270446	1982/3/27
9	8	C034	高艳艳	******197811101214	1978/11/10
10	9	C063	刘旺华	******197605210247	1976/5/21
11	10	C062	冯宗兴	******199305030349	1993/5/3

求日期型数据　Sheet2　She ...

图 6.23　求日期型数据

此例中，也可以不使用 CDATE 函数进行字符类型的转换，仅仅使用 MID 函数提取日期信息，见如下的 SQL 语句。

```
SELECT 序号,客户代表,客户名称,身份证号,MID(身份证号,7,4)&"/"&MID(身份证号,11,2)&"/"&MID(身份证号,13,2) AS 出生年月
FROM [客户信息表$]
```

以上 SQL 语句执行后会得出如图 6.24 所示的数据。可以看出，是否使用 CDATE 进行转换会得出不同的数据，图 6.23 的“出生年月”为日期型数据，而图 6.24 的“出生年月”为字符型数据。

	A	B	C	D	E
1	序号	客户代表	客户名称	身份证号	出生年月
2	1	A021	刘欣欣	******199002110043	1990/02/11
3	2	A005	王林生	******198603065321	1986/03/06
4	3	A011	郑月娥	******199207212028	1992/07/21
5	4	A033	赵旺旺	******199108232341	1991/08/23
6	5	B043	林森森	******199403281554	1994/03/28
7	6	B027	刘琦	******199606260051	1996/06/26
8	7	B029	仇真	******198203270446	1982/03/27
9	8	C034	高艳艳	******197811101214	1978/11/10
10	9	C063	刘旺华	******197605210247	1976/05/21
11	10	C062	冯宗兴	******199305030349	1993/05/03

求字符型数据　Sheet2　She ...

图 6.24　求字符型数据

（2）求客户的性别

对于图 6.22 所示的“客户信息表”，假设营销中心要升级客户关系管理，对不同性别的客户制定新的营销策略，如何根据身份证信息判断客户的性别？

由二代身份证号码的编码规则可知，第 15～17 位为顺序码，表示在同一地址码所标识的区域范围内，对同年、同月、同日出生的人编定的顺序号，顺序码的奇数分配给男性，偶数分配给女性。因此可以通过判断第 17 位的奇偶来判断客户的性别。

首先使用 MID 截取第 17 位的数值；然后用 MOD 取余函数求得此位数值除以 2 后的余数；最后使用 IIF 函数对余数进行条件判断：如果取余后结果为 1，说明为奇数，返回性别“男”，如果取余后结果为 0，说明为偶数，返回性别“女”，详细步骤如下。

步骤 1：在“客户信息表.xlsx”工作簿中增加一个新的工作表“求客户性别”，并选中 A1 单元格。

步骤 2：点击“数据”菜单，在“获取和转换数据”组中选择“现有连接”按钮，在打开的“现有连接”窗口中点击“浏览更多...”按钮，在弹出的“选取数据源”窗口中选取“客户信息表.xlsx”所在的目录，并选择此文件，然后点击“打开”按钮。在弹出的“选择表格”窗口中选择“客户信息表$”后点击“确定”按钮。

步骤 3：在弹出的“导入数据”窗口中点击“属性”按钮，在此窗口中选择“定义”选项卡。清空“命令文本”框，键入如下 SQL 语句后点击“确定”按钮。

```
SELECT 序号,客户代表,客户名称,身份证号,IIF(MID(身份证号,17,1) MOD 2=1,"男","女") AS 性别
FROM [客户信息表$]
```

查询结果如图 6.25 所示。

序号	客户代表	客户名称	身份证号	性别
1	A021	刘欣欣	******199002110043	女
2	A005	王林生	******198603065321	女
3	A011	郑月娥	******199207212028	女
4	A033	赵旺旺	******199108232341	女
5	B043	林森森	******199403281554	男
6	B027	刘琦	******199606260051	男
7	B029	仇真	******198203270446	女
8	C034	高艳艳	******197811101214	男
9	C063	刘旺华	******197605210247	女
10	C062	冯宗兴	******199305030349	女

客户信息表　求客户性别

图 6.25　求客户性别

目前，我国的身份证号还存在 15 位的一代身份证号码，与二代身份证号的不同在于：第 7～12 位为出生日期，年份只保留了两位，例如 640824 代表 1964 年 8 月 24 日；同时，没有最后一位验证码。第 13～15 位为顺序号，如果为奇数代表性别为“男”，如果为偶数代表性别为“女”。

对于表 6.22，如果“身份证号”中既有一代身份证号，又有二代身份证号，该如何从两种编码中分离出性别？

在一代号码中“第 15 位”代表了性别，在二代号码中“第 17 位”代表了性别，如果把两种身份证号代表性别的数据都变成最后一位，那么只要取出最右边的一位就可以了。因此，可以首先使用 LEFT 函数取出身份证号的前 17 位，这个操作对于二代号码来说，最后一位就是要求的“第 17 位”；而对于一代号码来说，因为本身就不足 17 位，那么就会把整个号码截取下来，最后一位自然就是要求的“第 15 位”。然后，再使用 RIGHT 函数取出最右边的一位字符，也就是一代号码的“第 15 位”和二代号码的“第 17”位。再次，使用 MOD 函数，把求得的最后一位数值除以 2 取余数。最后，使用 IIF 函数对余数进行条件判断，结果为“1”，性别为“男”；结果为“0”，性别为“女”。

使用如下 SQL 语句，同样可以得出图 6.25 所示数据。

```
    SELECT 序号,客户代表,客户名称,身份证号,IIF(RIGHT(LEFT(身份证号,17),1) MOD 2=1,"男","女") AS 性别
    FROM [客户信息表$]
```

小结

在真实的工作生活中，数据是具有多样性的，对数据处理的要求也是随时变化的，只有把多种类型的函数搭配起来使用，才能很好地解决问题。这既需要使用者对函数的功能了然于心，又需要适时地灵活变通，多种角度思考问题和解决问题。

第 7 章 聚集函数与数据分组

在使用 Excel 时，经常会使用 SUM、COUNT 等统计函数对某列数据或者某个区域的数据执行求和、计数等操作，在 SQL in Excel 中也可以使用这些函数对数据进行统计分析，这些函数称之为聚集函数或者聚合函数。聚集函数使用时，除了可以对某列数据进行处理，还可以先根据列值分类，然后再分组统计。这需要结合 GROUP BY 子句及 HAVING 短语搭配使用。本章将重点讲述聚集函数及其 GROUP BY 等子句的使用方法。

7.1 聚集函数

7.1.1 聚集函数简介

聚集函数可以根据某列中的全部数据或者部分数据计算出一个统计值。聚集函数包括 SUM 求和函数、COUNT 计数函数、AVG 求平均值函数、MAX 求最大值函数、MIN 求最小值函数等。聚集函数一般出现在 SELECT 子句、HAVING 短语的后面，但不能出现在 WHERE 子句后。

（1）SUM(ALL|DISTINCT expression)函数

SUM 函数用来对数值型的数据求和。其中，参数 expression 一般为某个列的列名，指对某列的值求和。如果求和的数据中存在空值，将被忽略。另外，如不特别指定，一般是对所有的数据（包括重复的数据）求和，即默认 ALL 选项。如果求和时去掉重复项，则需要使用 DISTINCT 短语。

聚集函数中 DISTINCT 短语的使用方法，与第 3 章中用在 SELECT 与列名之间的 DISTINCT 短语是有差别的。

SELECT 子句使用 DISTINCT 短语的语法为：

```
SELECT [ALL|DISTINCT] <目标列表达式> [AS 列别名]
```

SUM 中使用 DISTINCT 短语的语法为：

```
SELECT SUM(列名) [AS 列别名]
FROM (SELECT DISTINCT 列名
FROM [表名$])
```

此种使用方法同样适用于其他聚集函数。

（2）COUNT(ALL|DISTINCT expression)函数

COUNT 函数用来对指定的列计数。参数 expression 一般为某个列的列名。当列值中出现空值时，则会忽略。如要查询某个表中有多少行，可以使用 COUNT(*)来实现。COUNT 函数对列的数据类型没有特别要求。ALL 以及 DISTINCT 短语的用法同 SUM 函数。

（3）AVG(ALL|DISTINCT expression)函数

AVG 函数用来求指定列的平均值。参数 expression 一般为某个列的列名。当列值中出现空值时，则会忽略。

（4）MAX(ALL|DISTINCT expression)函数

MAX 函数用来求指定列的最大值。参数 expression 一般为某个列的列名。当列值中出现空值时，则会忽略。

（5）MIN(ALL|DISTINCT expression)函数

MIN 函数用来求指定列的最小值。参数 expression 一般为某个列的列名。当列值中出现空值时，则会忽略。

（6）FIRST(expression)函数

FIRST 函数用于返回指定域中第一个记录的列值，指定域可以是由 SELECT 语句查询出来的结果集。参数 expression 为要查询列的列名。

（7）LAST(expression)函数

LAST 函数用于返回指定域中最后一个记录的列值，指定域可以是由 SELECT 语句查询出来的结果集。参数 expression 为要查询列的列名。

（8）STDEV(expression)函数

STDEV 函数用来返回指定列中包含值的样本标准差，指定列中的值是作为总体数据中的抽样参与计算的，它反映了数据相对于其平均值（mean）的离散程度。其中，参数 expression 用于给出参与运算的列名或常量。

标准差（standard deviation），在概率统计中最常使用作为统计分布程度上的测量。它反映组内个体间的离散程度。标准差越小，这些值偏离其平均值就越小，反之越大。当要求 *n* 个数值的样本标准差时，将每个数据与均值差的平方和除以 *n*-1 后开平方根即可。平常计算标准差通常只计算样本标准差，因为大多情况下取得所有数据是相对困难的。

（9）STDEVP(expression)函数

STDEVP 函数用来返回指定列中数值的总体标准差，指定列中的值是作为整个样本总体参与计算的，它反映了样本总体相对于平均值（mean）的离散程度。其中，参数 expression 用于给出参与运算的列名或常量。当要求 *n* 个数值的总体标准差时，将每个数据与均值差的平方和除以 *n* 后开平方根即可。

（10）VAR(expression)函数

VAR 函数用于返回指定列中非 NULL 值的样本方差。其中，参数 expression 一般用来指定方差计算的列名，其值是样本总体中的一个抽样样本。方差也是测量离散趋势的重要指标，是每个样本值与全体样本值的平均数之差的平方值的平均数。方差的算术平方根即为标准差。

（11）VARP(expression)函数

VARP 函数用于返回指定列中所有非 NULL 值的总体方差。其中，参数 expression 一般用来指定方差计算的列名，其值为样本总体。

7.1.2 聚集函数的综合运用

聚集函数可以对批量数据进行统计运算，可以快速地帮助用户完成烦琐的数据处理，下面举例说明聚集函数的使用方法。

（1）求参加比赛的人数和人次

现有如图 7.1 所示的工作簿“运动会参赛表.xlsx”，表中列出了某大学班级参加学校秋季运动会的学生学号、参赛项目以及获得的名次。由表中可以看出，不是全班同学都参加了比赛，参加比赛的同学在“项目”和“项目数量”上也不尽相同。现在要求本班参加比赛的人数以及人次，该如何实现？

首先，要明确“人数”和“人次”的概念。人数是对参赛个体的统计，无论某个运动员参加多少项目，只能算一人；“人次”则不然，同一个运动员，如果参加了 *n* 个项目，即为“*n* 人次”。因此，对于参赛人数的统计可以通过对“学号”计数来求得，同时去掉重复项；而参赛人次则是对学号进行计数，且要统计重复项。详细步骤如下。

步骤 1： 在“运动会参赛表.xlsx”工作簿中增加一个新的工作表“统计参赛信息”，并选中 A1 单元格。

步骤 2： 点击“数据”菜单，在“获取和转换数据”组中选择“现有连接”按钮，在打开的“现有连接”窗口中点击“浏览更多...”按钮，在弹出的“选取数据源”窗口中选取“运动会参赛表.xlsx”所在的目录，并选择此文件，然后点击“打开”按钮。在弹出的“选择表格”窗口中选择“运动会参赛表$”后点击“确定”按钮。

	A	B	C
1	学号	项目	名次
2	201803001	400m跑	2
3	201803001	立定跳远	4
4	201803021	100m跑	1
5	201803021	110m跨栏跑	3
6	201803021	撑高跳高	10
7	201803023	400m跑	7
8	201803023	立定跳远	5
9	201803038	110m跨栏跑	6
10	201803038	撑高跳高	2
11	201803038	800m跑	4
12	201803038	三级跳	7

运动会参赛表

图 7.1　运动会参赛表

步骤 3： 在弹出的“导入数据”窗口中点击“属性”按钮，在此窗口中选择“定义”选项卡。清空“命令文本”框，键入如下 SQL 语句后点击“确定”按钮。

```
SELECT COUNT(学号) AS 参赛人数
FROM (SELECT DISTINCT 学号
FROM [运动会参赛表$])
```

步骤 4： 同理，选中工作簿“统计参赛信息”的 C1 单元格，按照以上步骤输入如下 SQL 语句并点击“确定”按钮。

```
SELECT COUNT(学号) AS 参赛人次
FROM [运动会参赛表$]
```

查询结果如图 7.2 所示。

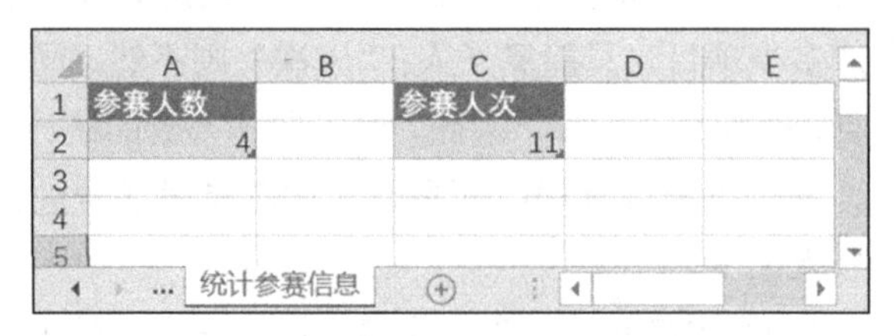

	A	B	C	D	E
1	参赛人数		参赛人次		
2	4		11		
3					
4					
5					

统计参赛信息

图 7.2　统计参赛信息

（2）求平均成绩

现有如图 7.3 所示的工作簿“歌唱比赛得分表.xlsx”，表中列出了某年级歌唱比赛的情况，8 个评委分别给三个班级打出三个评分。现在要对每个班级的评分求平均分。在求平均分的时候，需要去掉最高分和最低分，然后对剩下的分数求平均分。要求总分、最高分、最低分，可以分别使用 SUM 函数、MAX 函数以及 MIN 函数来实现，最后还可使用 ROUND 函数将平均分保留一位小数，步骤如下。

步骤 1：在“歌唱比赛得分表.xlsx”工作簿中增加一个新的工作表“求平均分”，并选中 A1 单元格。

步骤 2：点击“数据”菜单，在“获取和转换数据”组中选择“现有连接”按钮，在打开的“现有连接”窗口中点击“浏览更多...”按钮，在弹出的“选取数据源”窗口中选取“歌唱比赛得分表.xlsx”所在的目录，并选择此文件，然后点击“打开”按钮。在弹出的“选择表格”窗口中选择“歌唱比赛得分表$”后点击“确定”按钮。

	A	B	C	D
1	评委	一班	二班	三班
2	评委1	87	84	90
3	评委2	84	85	89
4	评委3	83	87	82
5	评委4	86	83	86
6	评委5	89	89	85
7	评委6	93	90	91
8	评委7	90	91	93
9	评委8	88	86	89

歌唱比赛得分表

图 7.3　歌唱比赛得分表

步骤 3：在弹出的“导入数据”窗口中点击“属性”按钮，在此窗口中选择“定义”选项卡。清空“命令文本”框，键入如下 SQL 语句后点击“确定”按钮。

```
    SELECT ROUND((SUM(一班)-MAX(一班)-MIN(一班))/(COUNT(一班)-2),1) AS 一班平均分,ROUND((SUM(二班)-MAX(二班)-MIN(二班))/(COUNT(二班)-2),1) AS 二班平均分,ROUND((SUM(三班)-MAX(三班)-MIN(三班))/(COUNT(三班)-2),1) AS 三班平均分
    FROM [歌唱比赛得分表$]
```

查询结果如图 7.4 所示。

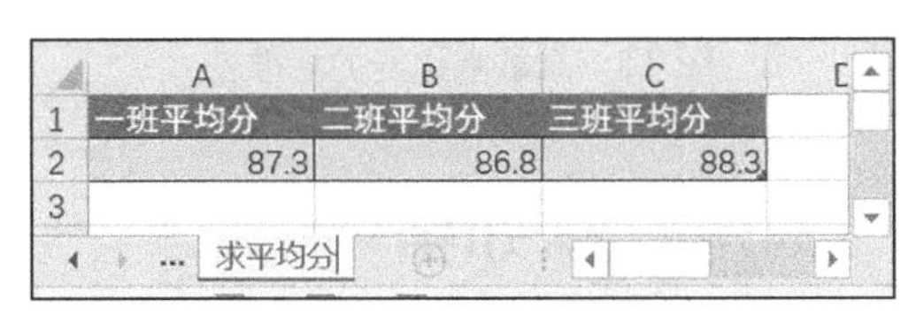

	A	B	C
1	一班平均分	二班平均分	三班平均分
2	87.3	86.8	88.3
3			

求平均分

图 7.4 求歌唱比赛的平均分

需要注意的是，在减去最高分和最低分的时候，最多只能减去一个最高分和一个最低分，如果最高分或者最低分出现了重复值，那么此例的计算方法是不恰当的。

（3）求标准差

对于图 7.3 所示的“歌唱比赛得分表.xlsx”，求每个班评分的标准差。求标准差，也就是要看评委对每个班的表现是否得出一致的评价。标准差越大，说明评分和其平均值的差异越大，评委对其表现的评价越分散；相反，标准差越小，说明评分和其平均值之间差异越小，评委对其表现的评价越一致。因为比赛中全部的评委就是 8 位，也就是每个班的 8 个成绩就是样本的总体，因此计算标准差可以用 STDEVP 函数。详细步骤如下。

步骤 1：在“歌唱比赛得分表.xlsx”工作簿中增加一个新的工作表“求标准差”，并选中 A1 单元格。

步骤 2：点击“数据”菜单，在“获取和转换数据”组中选择“现有连接”按钮，在打开的“现有连接”窗口中点击“浏览更多...”按钮，在弹出的“选取数据源”窗口中选取“歌唱比赛得分表.xlsx”所在的目录，并选择此文件，然后点击“打开”按钮。在弹出的“选择表格”窗口中选择“歌唱比赛得分表$”后点击“确定”按钮。

步骤 3：在弹出的“导入数据”窗口中点击“属性”按钮，在此窗口中选择“定义”选项卡。清空“命令文本”框，键入如下 SQL 语句后点击“确定”按钮。

```
SELECT STDEVP(一班) AS 标准差1,STDEVP(二班) AS 标准差2,STDEVP(三班) AS 标准差3
FROM [歌唱比赛得分表$]
```

查询结果如图 7.5 所示。

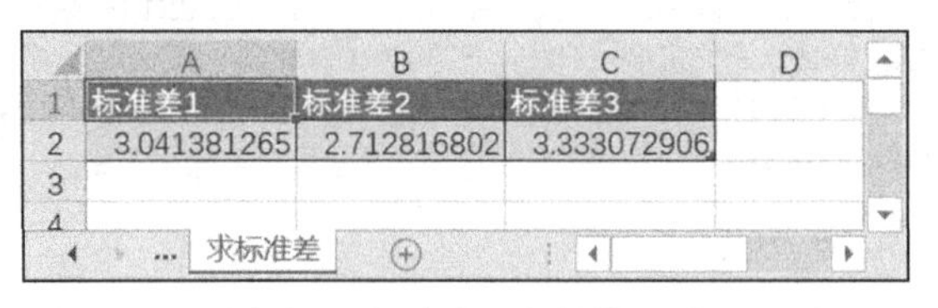

图 7.5　求歌唱比赛的标准差

聚集函数在处理统计数据时简单快捷，但使用时要对细节进行进一步的分析和确认。比如，求标准差时，是选择 STDEV 还是 STDEVP；求平均值的时候，对最大值最小值如何处理等。

7.2　数据分组

7.2.1　GROUP BY 子句和 HAVING 短语简介

GROUP BY 子句和 HAVING 短语在第 3 章的 SELECT 语法中做过讲述。GROUP BY 子句和 HAVING 短语可以丰富 SELECT 查询语句的功能，使之可以完成更加复杂的查询。

GROUP BY 子句的作用在于分组，是指查询数据时，将记录按照某个字段上的值进行分组，值相同的行分成一组，有多少个不同的值就会形成多少个分组。分组的意义在于能够将聚集函数作用于每个分组，因此，分组后的数据必须配合聚集函数才能体现出其意义。

GROUP BY 子句和聚集函数搭配使用后，会根据每组数据生成对应的聚集结果。如果在查询时，对聚集后的结果要进一步筛选，则需要用到 HAVING 短语。因此，HAVING 短语一般和 GROUP BY 子句搭配使用，用来对分组聚集后的结果做进一步筛选。

GROUP BY 子句的位置一般位于 FROM 子句或者 WHERE 子句之后、ORDER BY 子句之前，如果有 HAVING 短语，则 HAVING 短语位于 GROUP BY 子句之后、ORDER BY 子句之前。语法结构如下：

```
    SELECT [ALL|DISTINCT] <目标列表达式> [AS 列别名][,<目标列表达式> [AS 列别
名] ...]
    FROM <表名> [,<表名>…]
    [WHERE <条件表达式> [AND|OR <条件表达式>...]]
    [GROUP BY <列名>[,<列名>]……[HAVING <条件表达式>]]
    [ORDER BY <列名> [ASC | DESC][,<列名> [ASC | DESC]]]
```

在 SQL 中，当使用 GROUP BY 子句时，分组字段不仅要出现在 GROUP BY 子句后，同时也必须出现在 SELECT 后的目标列表达式中。但在 SQL in Excel 中，GROUP BY 子句后的列名也就是分组字段可以不出现在 SELECT 子句后面。这种写法虽然语法上行得通，但得出的结果可读性不强，不推荐使用。

另外，第 5 章中讲述了 WHERE 子句的语法结构。WHERE 子句的作用是查找数据源中满足条件的行。也就是说，WHERE 子句也是用来筛选数据的，这与 HAVING 短语看起来作用非常类似。其实，两者既有相同之处，也有很多的差异。

WHERE 子句和 HAVING 短语的相同之处：

① 两者都用来从查询的数据源或者中间结果中筛选满足条件的数据；

② 两者都通过设置一定的筛选条件来筛选数据。

WHERE 子句和 HAVING 短语的不同之处：

① 两者的作用对象不同，WHERE 子句通过设置条件筛选出满足条件的行，而 HAVING 短语通过设置筛选条件筛选出满足条件的分组；

② 两者在使用聚集函数上不同，WHERE 子句后的筛选条件是不能使用聚集函数的，而 HAVING 短语后的筛选条件可以使用聚集函数。

7.2.2 GROUP BY 子句与聚集函数的综合运用

GROUP BY 子句与聚集函数搭配使用后，可以灵活地查询出各种分组后的聚集信息，给数据分析带来了极大的便利。下面举例说明。

（1）求每班的选课人数

现有如图 7.6 所示的“学生选课表.xlsx”，表中展示了学生选修课程的情况。现在要查询每个班的选课人数，应如何实现？

从表中可以看到，每个班都有若干学生选了若干课程，要查询每个班的选课人次，需要将学生按照“班级”分组，即将具有相同“班级”属性的行分在一组，这样有多少个班级就可以形成多少个分组。分组之后，再对每个分组执行 COUNT 函数计数，即可求出每个班级的选课人次。具体步骤如下。

步骤 1： 在“学生选课表.xlsx”工作簿中增加一个新的工作表“求每班选课人次”，并选中 A1 单元格。

步骤 2： 点击“数据”菜单，在“获取和转换数据”组中选择“现有连接”按钮，在打开的“现有连接”窗口中点击“浏览更多…”按钮，在弹出的“选取数据源”窗口中选取“学生选课表.xlsx”所在的目录，并选择此文件，然后点击“打开”按钮。在弹出的“选择表格”窗口中选择“学生选课表$”后点击“确定”按钮。

学号	班级	课程号	成绩
201901002	工管191	A00103	87
201901002	工管191	A00104	74
201901004	工管191	A00103	83
201901004	工管191	A00104	94
201902006	造价191	A00103	89
201902006	造价191	A00104	72
201902006	造价191	A00105	90
201903056	环工191	A00103	89
201904022	艺术191	A00103	84
201904022	艺术191	A00105	79
201904022	艺术191	A00106	89
201904022	艺术191	A00107	83
201904067	艺术192	A00104	93
201904067	艺术192	A00105	82
201904067	艺术192	A00106	73
201904087	艺术192	A00104	90
201904087	艺术192	A00105	84

图 7.6　学生选课表

步骤 3： 在弹出的“导入数据”窗口中点击“属性”按钮，在此窗口中选择“定义”选项卡。清空“命令文本”框，键入如下 SQL 语句后点击“确定”按钮。

```
SELECT 班级,COUNT(*) AS 选课人次
FROM [学生选课表$]
GROUP BY 班级
```

查询结果如图 7.7 所示。

	A	B	C	D
1	班级	选课人次		
2	工管191	4		
3	环工191	1		
4	艺术191	4		
5	艺术192	5		
6	造价191	3		

求每班的选课人次

图 7.7 求每班的选课人次

以上 SQL 语句中为了给每组数据进行计数，使用了 COUNT(*)，也就是对每组中的“行”进行计数。同时也可以发现，此例要查询的是每班的选课“人次”，对行计数也可以转变为对“学号”计数，只是在计数时不能去掉“学号”的重复项，否则将变成“查询每班的选课人数”了。改写的 SQL 语句如下。

```
SELECT 班级,COUNT(学号) AS 选课人次
FROM [学生选课表$]
GROUP BY 班级
```

此语句执行后，其结果与 7.7 所示的结果是完全相同的。

（2）求每门课程的平均成绩、最高分和最低分

针对如图 7.6 所示的“学生选课表.xlsx”，如何查询每门课程的平均分、最高分和最低分？

在对“每门”课程查询统计信息时，每门课程对应一个课程号，所以可以按照“课程号”进行分组，“课程号”相同的行将被分在同一个组，然后再对每组数据使用聚集函数求统计数据。具体操作如下。

步骤 1：在“学生选课表.xlsx”工作簿中增加一个新的工作表“求每门课程的统计数据”，并选中 A1 单元格。

步骤 2：点击“数据”菜单，在“获取和转换数据”组中选择“现有连接”按钮，在打开的“现有连接”窗口中点击“浏览更多...”按钮，在弹出的“选取数据源”窗口中选取“学生选课表.xlsx”所在的目录，并选择此文件，然后点击“打开”按钮。在弹出的“选择表格”窗口中选择“学生选课表$”后点击“确定”按钮。

步骤 3：在弹出的“导入数据”窗口中点击“属性”按钮，在此窗口中选择“定义”选项卡。清空“命令文本”框，键入如下 SQL 语句后点击“确定”按钮。

```
SELECT 课程号,AVG(成绩) AS 平均成绩,MAX(成绩) AS 最高分,MIN(成绩) AS 最低分
FROM [学生选课表$]
```

```
GROUP BY 课程号
```

查询结果如图 7.8 所示。

	A	B	C	D	E
1	课程号	平均成绩	最高分	最低分	
2	A00103	86.4	89	83	
3	A00104	84.6	94	72	
4	A00105	83.75	90	79	
5	A00106	81	89	73	
6	A00107	83	83	83	

求每门课程的统计数据

图 7.8　求每门课程的统计数据

以上 SQL 语句中，GROUP BY 子句后面跟着分组属性“课程号”，SELECT 后也出现了“课程号”，在结果中每个课程号对应着平均分、最高分和最低分，读起来非常方便清晰。SQL 的语法中，“课程号”在 SELECT 中是必须要有的，即 SELECT 后的目标列表达式必须包含“分组字段”和“聚集函数”，缺一不可。但在 SQL in Excel 中，SELECT 后的“分组字段”是可以省略的。如下所示的 SQL 语句，在 Excel 中是可以成功运行的。

```
SELECT AVG(成绩) AS 平均成绩,MAX(成绩) AS 最高分,MIN(成绩) AS 最低分
FROM [学生选课表$]
GROUP BY 课程号
```

其运行结果如图 7.9 所示。

	A	B	C	D	E
1	平均成绩	最高分	最低分		
2	86.4	89	83		
3	84.6	94	72		
4	83.75	90	79		
5	81	89	73		
6	83	83	83		

求每门课程的统计数据2

图 7.9　求每门课程的统计数据（不含分组字段）

在这个结果中，只出现了聚集函数计算后的值，而这些值是针对哪门课的，则无从查看。因此，不推荐此种使用方法。

（3）求平均成绩高于 84 分的课程

对于图 7.6 所示的“学生选课表.xlsx”，如何查询平均成绩高于 84 分的课程？分析得知，如果要求出这门课程，首先要按照“课程号”分组，查询出每门课

程的平均分，然后再对分组进一步筛选，把平均分高于 84 分的分组筛选出来，因此既要用到 GROUP BY 子句对行分组，又要使用 HAVING 短语对分组做筛选。详细步骤如下。

步骤 1： 在“学生选课表.xlsx”工作簿中增加一个新的工作表“筛选分组”，并选中 A1 单元格。

步骤 2： 点击“数据”菜单，在“获取和转换数据”组中选择“现有连接”按钮，在打开的“现有连接”窗口中点击“浏览更多...”按钮，在弹出的“选取数据源”窗口中选取“学生选课表.xlsx”所在的目录，并选择此文件，然后点击“打开”按钮。在弹出的“选择表格”窗口中选择“学生选课表$”后点击“确定”按钮。

步骤 3： 在弹出的“导入数据”窗口中点击“属性”按钮，在此窗口中选择“定义”选项卡。清空“命令文本”框，键入如下 SQL 语句后点击“确定”按钮。

```
SELECT 课程号,AVG(成绩) AS 平均成绩
FROM [学生选课表$]
GROUP BY 课程号
HAVING AVG(成绩)>84
```

查询结果如图 7.10 所示。

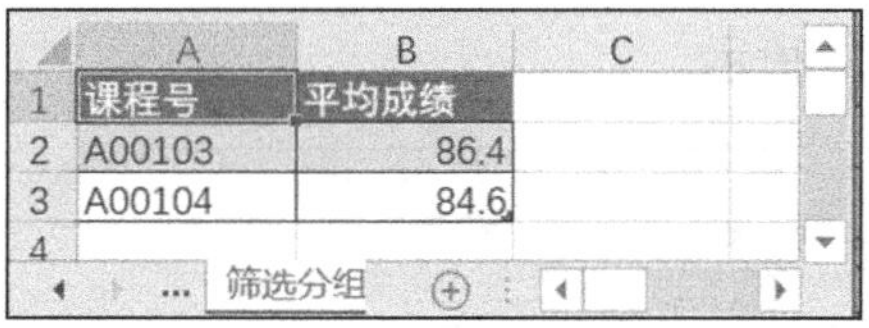

	A	B	C
1	课程号	平均成绩	
2	A00103	86.4	
3	A00104	84.6	
4			

筛选分组

图 7.10　筛选分组

（4）求选课成绩在 85 分及以上的学生人次不少于 2 的班级，并按照人次降序排列

此例还是以图 7.6 所示的“学生选课表.xlsx”为例。最终查询的数据包含两个列，“班级”和“人次”。对于“人次”来说，首先其对应的行一定是“成绩”列的值大于等于 85 分的，所以首先要使用 WHERE 子句将这些行从表中筛选出来，查询出“成绩大于等于 85 的选课记录的集合”；其次，针对上步查询到的结果，使用 GROUP BY 子句在“班级”列上分组，形成“每个班成绩大于等于 85 的记录集合”；然后，对这些分好的组使用聚集函数 COUNT 进行计数，得到“每个班成绩大于等于 85 的学生人次”；再次，使用 HAVING 短语对分组聚集

后的结果进一步筛选，得到“成绩大于等于 85 且学生人次大于等于 2 的那些分组”；最后，使用 ORDER BY 子句对筛选后的分组结果按照“人次”降序排列。详细步骤如下。

步骤 1： 在“学生选课表.xlsx”工作簿中增加一个新的工作表“求高于 2 人次的班级”，并选中 A1 单元格。

步骤 2： 点击“数据”菜单，在“获取和转换数据”组中选择“现有连接”按钮，在打开的“现有连接”窗口中点击“浏览更多…”按钮，在弹出的“选取数据源”窗口中选取“学生选课表.xlsx”所在的目录，并选择此文件，然后点击“打开”按钮。在弹出的“选择表格”窗口中选择“学生选课表$”后点击“确定”按钮。

步骤 3： 在弹出的“导入数据”窗口中点击“属性”按钮，在此窗口中选择“定义”选项卡。清空“命令文本”框，键入如下 SQL 语句后点击“确定”按钮。

```
SELECT 班级,COUNT(学号) AS 人次
FROM [学生选课表$]
WHERE 成绩>=85
GROUP BY 班级
HAVING COUNT(学号)>=2
ORDER BY COUNT(学号)
```

查询结果如图 7.11 所示。

班级	人次
造价191	2
艺术192	2
工管191	2

求高于2人次的班级

图 7.11　求高于 2 人次的班级

小结

GROUP BY 子句用来分组，但如果不搭配聚集函数来使用，分组就变得毫无意义。在使用了 GROUP BY 子句、HAVING 短语以及 WHERE 子句、ORDER BY 子句之后，SELECT 语句块逐渐变得复杂起来。使用时一定要理顺不同子句的执行顺序，按照“WHERE 子句-GROUP BY 子句-聚集函数-HAVING 短语-ORDER BY 子句”的顺序来执行。

第 8 章 高级查询

在使用 SELECT 语句进行数据查询时，由 SELECT-FROM 子句或者 SELECT-FROM-WHERE 子句组成的语句模块能够实现对数据表的基本查询操作。在前面的论述中，FROM 子句后一般只有一个表，即查询的数据来自一个表，称为单表查询。当查询的数据来自多个表时，则需要将多个表连接起来，共同得出查询结果，称为多表查询。这一章将讲述涉及多个表的连接查询和嵌套查询。

8.1 连接查询

连接查询是根据表之间的逻辑关系从两个或者多个表中检索所需数据的查询。SQL 用连接条件来描述表之间的逻辑关系。通过在连接条件中指定连接列以及列之间需要满足的比较关系，可以将不同表中的行连接起来。

8.1.1 内连接查询

内连接和外连接都是连接查询，但内连接更接近普通意义上的连接操作，是指将多个表中符合连接条件的行连接起来，而不符合条件的行将被舍弃。

连接条件可以两种形式给出：一种是由 WHERE 子句引出的连接条件；一种是由 FROM 子句引出的连接条件。内连接一般使用 WHERE 子句给出连接条件，而外连接一般使用 FROM 子句给出连接条件。

由 WHERE 子句引出的连接条件，其语法格式为：

```
WHERE [<表名 1>.]<列名 1> <比较运算符> [<表名 2>.]<列名 2>
```

WHERE 引导的表达式是用来连接两个表的条件，被称为连接条件或连接谓词。列名 1 来自表 1，列名 2 来自表 2，这两个列一定是具有可比性的列。不同数据类型的值是无法比较的。其中，“比较运算符”主要有：=、>、<、>=、<=、<>（不等于）等。

比较运算符为“=”的连接运算，称为等值连接（包含自然连接）；比较运算符为非“=”的连接运算，称之为非等值连接。

对于非等值连接，除了可以使用“>”“<”等比较运算符连接条件外，还可以使用 BETWEEN…AND…来连接，其语法格式为：

```
WHERE [<表名 1>.]<列名 1> BETWEEN [<表名 2>.]<列名 2> AND [<表名 2>.]<列名 3>
```

使用连接运算时，需要注意以下事项。

① 连接条件中的各连接字段名称（列名）不必相同，但数据类型必须相同，或者是可以通过隐形转换相互兼容的。

② 如果查询所涉及的多个表中出现了重名的列，则在引用时必须在列名前增加表名，以示区别。例如“学生表”中有“学号”列，“选修表”中也出现了“学号”列，那么在把“学号”列作为连接条件连接这两个表时，需在“学号”前增加表名，比如“学生表.学号=选修表.学号”。如果查询所涉及的表中没有重名的列，则引用时不必在列名前增加表名。

③ 如果查询涉及的表较多，且表名烦琐，可以给表指定别名来简化语句。

④ 大部分的连接查询都可以转换成等价的嵌套查询。

由 WHERE 子句引出的连接查询，可以分为等值连接、非等值连接、自身连接以及复合条件连接等。在弄清不同连接的含义前，先了解一下什么是笛卡尔积。

SQL 是针对“关系型”数据的结构化查询语言。关系模型最初是由美国的 E.F. Codd 在 1970 年提出来的，其数学基础是集合代数。“关系”的形式化定义即是从集合论的角度推导出来的。在关系型数据库语言中，“关系”指的就是“表”，即由行和列组成的且每个数据项都不可分割的二维表。

要推导“关系”的定义，首先要定义“广义笛卡尔积”。假设有两个表（关系）R 和 S，表 R 由 m 列 k_1 行组成，表 S 由 n 列 k_2 行组成。表 R 和表 S 的广义笛卡尔积 $R\times S$ 可以表示为：

$$R\times S=\{\widehat{t_r t_s}\mid t_r\in R\ \wedge\ t_s\in S\}$$

广义笛卡尔积运算时，首先从 R 中取出第一行和 S 中的每一行连接起来，形成 k_2 行（$m+n$）列的一个集合；然后从 R 中取出第二行和 S 中的每一行连接起来，又形成 k_2 行（$m+n$）列的一个集合；如此往复，把 R 中的每一行都和 S

中的每一行连接起来，最终形成（$k_1 \times k_2$）行（$m+n$）列的集合，这就是笛卡尔积的运算结果。

笛卡尔积在运算时是没有连接条件的，是无条件地将两个表的每一行连接起来。所以在实际操作中，笛卡尔积把所有的可能性都展示出来，这在现实生活中是很难出现的。但是，从笛卡尔积中拿出的一部分子集，可能更符合现实生活。因此，笛卡尔积是所有连接的可能性，而其中的一部分子集，才是要经过各种连接运算得到的结果。

下面将以如下三个表来举例说明如何实现连接查询。

现有某大学“教学信息库”中的三个表——学生表、课程表、选课表，为了引用方便，把三个表全部放在“教学信息库.xlsx”工作簿中。如图 8.1、图 8.2 和图 8.3 所示。

学生表中列出了学生的基本信息，包括学号、姓名、性别、年龄以及专业。

	A	B	C	D	E
1	学号	姓名	性别	年龄	专业
2	201801001	王青青	女	20	网络工程
3	201801002	王华清	女	20	网络工程
4	201801003	刘再兴	男	20	网络工程
5	201802001	李明伟	男	21	软件工程
6	201802002	赵琳琳	女	20	软件工程
7	201903001	明华	男	19	计算机科学与技术
8	201903002	孙德梅	女	19	计算机科学与技术
9	201903003	董华萌	女	20	计算机科学与技术
10	201903004	李丽	女	19	计算机科学与技术
11					

学生表 | 课程表 | 选课表 ...

图 8.1 学生表

课程表中列出了学校开设的部分课程，其属性包括课程号、课程名称、先修课以及学分。

	A	B	C	D
1	课程号	课程名称	先修课	学分
2	C03001	数据库概论	C03005	4
3	C03002	高等数学		2
4	C03003	信息系统	C03004	4
5	C03004	操作系统	C03002	3
6	C03005	数据结构	C03002	4
7	C03006	数据处理	C03003	2
8	C03007	JAVA语言	C03006	4
9				

学生表 | 课程表 | 选i ...

图 8.2 课程表

选课表描述的是“学生表”中的学生选修“课程表”中的课程的情况，包括成绩属性。

学号	课程号	成绩
201801001	C03001	89
201801001	C03002	80
201801002	C03002	84
201801002	C03001	88
201801002	C03003	90
201801003	C03003	91
201801003	C03002	85
201802001	C03007	73
201802001	C03005	87
201802001	C03006	85
201802002	C03002	90
201802002	C03001	94
201802002	C03005	86
201903001	C03006	79
201903001	C03007	89

课程表　选课表

图 8.3　选课表

8.1.1.1　等值连接查询

所谓等值连接，是指从两个或多个表的笛卡尔积中筛选出在指定列上值相等的行，或者理解为，只有两个或多个表上相应列值相等的行才会被连接起来，放进结果集中。WHERE 引导的连接条件可以表示为：

```
WHERE [<表名 1>.]<列名 1> = [<表名 2>.]<列名 2>
```

下面举例说明。

（1）两表等值连接

对于“教学信息库.xlsx”中的数据，查询每个选课学生的学号、姓名、课程号以及成绩。由表中信息可以看到，要查询到这四列信息，需要用到“学生表”和“选课表”两个表。“姓名”列在学生表中，“课程号”和“成绩”列在“选课表”中，而“学号”列在“学生表”和“选课表”中都存在。当“学号”出现在“选课表”时，说明“学生表”的学生选了课。因此，要查询出所需要的信息，可以通过“学号”列将两个表连接起来，具体步骤如下。

步骤 1：在“教学信息库.xlsx”工作簿中增加一个新的工作表“两表等值连接”，并选中 A1 单元格。

步骤 2：点击“数据”菜单，在“获取和转换数据”组中选择“现有连接”

按钮，在打开的“现有连接”窗口中点击“浏览更多...”按钮，在弹出的“选取数据源”窗口中选取“教学信息库.xlsx”所在的目录，并选择此文件，然后点击“打开”按钮。在弹出的“选择表格”窗口中保持默认选项，点击“确定”按钮。

步骤 3： 在弹出的“导入数据”窗口中点击“属性”按钮，在此窗口中选择“定义”选项卡。清空“命令文本”框，键入如下 SQL 语句后点击“确定”按钮。查询结果如图 8.4 所示。

```
SELECT [学生表$].学号,姓名,课程号,成绩
FROM [学生表$],[选课表$]
WHERE [学生表$].学号=[选课表$].学号
```

	A	B	C	D	E
1	学号	姓名	课程号	成绩	
2	201801001	王青青	C03002	80	
3	201801001	王青青	C03001	89	
4	201801002	王华清	C03003	90	
5	201801002	王华清	C03001	88	
6	201801002	王华清	C03002	84	
7	201801003	刘再兴	C03002	85	
8	201801003	刘再兴	C03003	91	
9	201802001	李明伟	C03006	85	
10	201802001	李明伟	C03005	87	
11	201802001	李明伟	C03007	73	
12	201802002	赵琳琳	C03005	86	
13	201802002	赵琳琳	C03001	94	
14	201802002	赵琳琳	C03002	90	
15	201903001	明华	C03007	89	
16	201903001	明华	C03006	79	

两表等值连接

图 8.4　两表等值连接

等值连接时，连接条件中的比较运算符要使用“=”。此例中，连接字段“学号”出现了重名，因此 SELECT 和 WHERE 子句后的“学号”一定要加上“表名”以示区别。

这里可以使用“嵌套循环法”来理解其操作过程。

首先在“学生表”中找到第一行（'201801001'，'王青青'，'女'，20，'网络工程'），其“学号”值为“201801001”；然后从头开始扫描“选课表”，逐一查找“学号”值也为“201801001”的行，第一行（'201801001'，'C03001'，89）即满足条件，此时将“学生表”中的第一行和“课程表”中的第一行连接起来，形成一个由 8 个列组成的行('201801001','王青青','女',20,'网络工程','201801001','C03001'，89）。

继续在“选课表”中查找其他满足条件的行，只要满足条件即可把行连接起来。当“选课表”全部查找完毕，说明没有“学号”为“201801001”的选课记录了。再从“学生表”中找出第二行，取出其学号“201801002”，再从头开始扫描“课程表”，逐一查找学号为“201801002”的行，找到后与“学生表”的第二行连接起来。重复上述操作，直到“学生表”中的所有学号都和“课程表”中的学号比对一遍。经过连接，会形成一个 8 列 15 行的集合。

最后，按照 SELECT 后的字段列表，在集合中取出“学号”“姓名”“课程号”以及“成绩”列，形成一个 4 列 15 行的集合，即为查询结果。

如果要查询两个表的所有列，可以使用如下 SQL 语句：

```
SELECT [学生表$].*,[课程表$].*
FROM [学生表$],[选课表$]
WHERE [学生表$].学号=[选课表$].学号
```

（2）多于两个表的连接查询

连接查询时，有时涉及的表可能多于两个，那么如何书写连接条件？如果将三个表连接起来，至少需要两个连接条件，而这两个连接条件可以用“AND”连接起来，表明这两个连接条件要同时满足。WHERE 引导的连接条件可以表示为：

```
WHERE [<表名 1>.]<列名 1> = [<表名 2>.]<列名 2> AND [<表名 2>.]<列名 3> = [<表名 3>.]<列名 4>
```

其中，列 1 和列 2 是具有可比性的列，列 3 和列 4 是具有可比性的列。

下面举例说明。

查询学生的选课情况，要求查询出学号、姓名、课程号、课程名称和成绩。在这个查询要求中，“姓名”在“学生表”中，“课程名称”在“课程表”中，“成绩”在“选课表”中，而“学号”存在于“学生表”和“选课表”中，“课程号”存在于“课程表”和“选课表”中。因此，要完成这个查询，需要涉及三个表。

由上例可知，通过“学号”列可以将“学生表”和“选课表”连接起来，查询出“学号”“姓名”以及“成绩”三列。要查询“课程名称”，可以先在“选课表”中找到已选课程的“课程号”。有了“课程号”，即可到“课程表”中找到对应的“课程名称”了。因此，可以使用“课程号”将“课程表”和“选课表”连接起来，将那些“已经被选的课程的课程名称”查询出来，具体步骤如下。

步骤 1：在“教学信息库.xlsx”工作簿中增加一个新的工作表“三表等值连

接”，并选中A1单元格。

步骤2：点击“数据”菜单，在“获取和转换数据”组中选择“现有连接”按钮，在打开的“现有连接”窗口中点击“浏览更多…”按钮，在弹出的“选取数据源”窗口中选取“教学信息库.xlsx”所在的目录，并选择此文件，然后点击“打开”按钮。在弹出的“选择表格”窗口中保持默认选项，点击“确定”按钮。

步骤3：在弹出的“导入数据”窗口中点击“属性”按钮，在此窗口中选择“定义”选项卡。清空“命令文本”框，键入如下SQL语句后点击“确定”按钮。

```
SELECT [学生表$].学号,姓名,[选课表$].课程号,[课程表$].课程名称,成绩
FROM [学生表$],[选课表$],[课程表$]
WHERE [学生表$].学号=[选课表$].学号 AND [课程表$].课程号=[选课表$].课程号
```

查询结果如图8.5所示。

学号	姓名	课程号	课程名称	成绩
201801001	王青青	C03002	高等数学	80
201801001	王青青	C03001	数据库概论	89
201801002	王华清	C03003	信息系统	90
201801002	王华清	C03002	高等数学	84
201801002	王华清	C03001	数据库概论	88
201801003	刘再兴	C03003	信息系统	91
201801003	刘再兴	C03002	高等数学	85
201802001	李明伟	C03007	JAVA语言	73
201802001	李明伟	C03006	数据处理	85
201802001	李明伟	C03005	数据结构	87
201802002	赵琳琳	C03005	数据结构	86
201802002	赵琳琳	C03002	高等数学	90
201802002	赵琳琳	C03001	数据库概论	94
201903001	明华	C03007	JAVA语言	89
201903001	明华	C03006	数据处理	79

三表等值连接

图8.5　三表等值连接

8.1.1.2　自身连接查询

连接运算不一定必须在两个或者两个以上的表之间进行，单个表也可以进行连接，称为自身连接。自身连接可以这样理解：把一个表复制成两份，两个完全相同的表之间的连接即为自身连接。表在自身连接时，表中要有两列可比较的列，用来写在WHERE连接条件中。其语法格式为：

```
SELECT <目标列表达式>
```

```
FROM <表名 表别名 1>,<表名 表别名 2>
WHERE <表别名 1>.<列名 1> = <表别名 2>.<列名 2>
```

很显然，为了方便区分两个相同的表，通过起别名的形式定义成两个表，这样可以在连接条件中非常方便地引用它们。

下面举例说明。

查询“课程表”中每一门课的“间接先修课”。在“课程表”中，列出了每门课的“先修课”，如“C03001”的先修课为“C03005”，而“C03005”的先修课为“C03002”，那么“C03001”的间接先修课即为“C03002”。把“课程表”复制两份，分别取名 A 和 B。当 A 的“先修课”等于 B 的“课程号”时，就把这两行连接起来，并取出 A 表的“课程号”和 B 表的“先修课”。此时的 B 表的“先修课”即为 A 表“课程号”所指课程的“间接先修课”。详细步骤如下。

步骤 1： 在“教学信息库.xlsx”工作簿中增加一个新的工作表“自身连接”，并选中 A1 单元格。

步骤 2： 点击“数据”菜单，在“获取和转换数据”组中选择“现有连接”按钮，在打开的“现有连接”窗口中点击“浏览更多...”按钮，在弹出的“选取数据源”窗口中选取“教学信息库.xlsx”所在的目录，并选择此文件，然后点击“打开”按钮。在弹出的“选择表格”窗口中保持默认选项，点击“确定”按钮。

步骤 3： 在弹出的“导入数据”窗口中点击“属性”按钮，在此窗口中选择“定义”选项卡。清空“命令文本”框，键入如下 SQL 语句后点击“确定”按钮。

```
SELECT A.课程号,B.先修课 AS 间接先修课
FROM [课程表$] A,[课程表$] B
WHERE A.先修课=B.课程号
```

查询结果如图 8.6 所示。

	A	B	C
1	课程号	间接先修课	
2	C03005		
3	C03004		
4	C03006	C03004	
5	C03003	C03002	
6	C03001	C03002	
7	C03007	C03003	

自身连接

图 8.6 自身连接

结果中，有些课程号对应的“间接先修课”为空值，说明此课程没有间接先修课。

8.1.1.3　非等值连接查询

等值连接中，连接条件中的比较运算符为“=”，要求比较的列值相等。当连接条件的比较运算符不为“=”时，称为非等值连接。其连接条件为：

```
WHERE [<表名 1>.]<列名 1> <比较运算符> [<表名 2>.]<列名 2>
```

其中，比较运算符为：>、<、>=、<=或者<>（不等于）。

非等值连接在有些情况下，也可以使用 BETWEEN…AND…来连接，连接条件为：

```
WHERE [<表名 1>.]<列名 1> BETWEEN [<表名 2>.]<列名 2> AND [<表名 2>.]<列名 3>
```

下面举例说明。

在“教学信息库.xlsx”工作簿中有一工作表“成绩评定标准”，如图 8.7 所示表中规定了不同“考核成绩”对应的分数区间。现在要根据“成绩评定标准”对“选课表”中的成绩重新评定，对每个学生的选课记录给出相应的“考核成绩”。

步骤 1： 在“教学信息库.xlsx”工作簿中增加一个新的工作表“成绩等级表”，并选中 A1 单元格。

步骤 2： 点击“数据”菜单，在“获取和转换数据”组中选择“现有连接”按钮，在打开的“现有连接”窗口中点击“浏览更多…”按钮，在弹出的“选取数据源”窗口中选取“教学信息库.xlsx”所在的目录，并选择此文件，然后点击“打开”按钮。在弹出的“选择表格”窗口中保持默认选项，点击“确定”按钮。

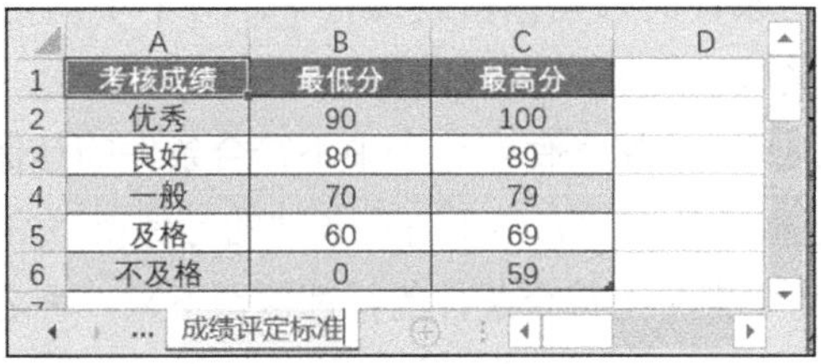

	A	B	C	D
1	考核成绩	最低分	最高分	
2	优秀	90	100	
3	良好	80	89	
4	一般	70	79	
5	及格	60	69	
6	不及格	0	59	

成绩评定标准

图 8.7　成绩评定标准

步骤 3： 在弹出的“导入数据”窗口中点击“属性”按钮，在此窗口中选择“定义”选项卡。清空“命令文本”框，键入如下 SQL 语句后点击“确定”按钮。

```
SELECT 学号,课程号,成绩,考核成绩
FROM [选课表$] A,[成绩评定标准$] B
```

```
WHERE A.成绩 BETWEEN B.最低分 AND B.最高分
ORDER BY 成绩 DESC
```

查询结果如图 8.8 所示。

	学号	课程号	成绩	考核成绩
4	201802002	C03002	90	优秀
5	201801002	C03003	90	优秀
6	201903001	C03007	89	良好
7	201801001	C03001	89	良好
8	201801002	C03001	88	良好
9	201802001	C03005	87	良好
10	201802002	C03005	86	良好
11	201802001	C03006	85	良好
12	201801003	C03002	85	良好
13	201801002	C03002	84	良好
14	201801001	C03002	80	良好
15	201903001	C03006	79	一般
16	201802001	C03007	73	一般

... 成绩等级表

图 8.8　成绩等级表

8.1.2　外连接查询

对于内连接查询，只有多个表中满足条件的行才会被连接起来作为结果输出。例如，在“两表等值连接”的例子中，学号为“201903002”“201903003”和“201903004”的三个学生没有选课，因此“选课表”中没有其选课记录，因此，在进行等值连接时，因为不符合连接条件而被舍弃了。如果想把这三个不符合条件的行也保留下来，并输出到结果中，此时就要用到“外连接”了。

所谓外连接，是指在连接操作中，不仅将符合条件的行连接起来输出到结果中，同时将不满足条件的行也保留到结果中。对于不满足条件的行，没有对应值的单元格中将被填上空值。

外连接时，如果只把连接条件左边表中不符合条件的行保留下来，称之为左外连接；如果只把连接条件右边表中不符合条件的行保留下来，称之为右外连接；如果把左右两边的两个表中不符合条件的行都保留下来，称之为全外连接。

外连接的连接条件一般由 FROM 子句引导，其语法格式如下：

```
FROM 表名1 LEFT|RIGHT OUTER JOIN 表名2 ON [<表名1>.]<列名1> = [<表名2>.]<
列名2>
```

当进行左外连接时，选择“LEFT”选项；当进行右外连接时，选择“RIGHT”选项。在 SQL 中，如果要进行全外连接，可以使用“FULL OUTER JOIN”，但在 SQL in Excel 中，全外连接需要使用 UNION 来实现。

下面举例说明。

8.1.2.1　左外连接

左外连接是指，将位于连接条件左侧的表中不满足连接条件的行保留在连接结果中。以“教学信息库.xlsx”中的数据为例，查询每个学生及其选课情况，包括没有选课的学生信息。

“选课表”列出了所有选课学生的信息，如果学生没有选课，则不会出现在表中。可以使用左外连接，将含有所有学生信息的“学生表”放在左侧，那么查询时，位置在左侧的“学生表”中的信息将会全部查询出来，而不论其是否选课。具体步骤如下。

步骤 1： 在“教学信息库.xlsx”工作簿中增加一个新的工作表“左外连接”，并选中 A1 单元格。

步骤 2： 点击“数据”菜单，在“获取和转换数据”组中选择“现有连接”按钮，在打开的“现有连接”窗口中点击“浏览更多…”按钮，在弹出的“选取数据源”窗口中选取“教学信息库.xlsx”所在的目录，并选择此文件，然后点击“打开”按钮。在弹出的“选择表格”窗口中保持默认选项，点击“确定”按钮。

步骤 3： 在弹出的“导入数据”窗口中点击“属性”按钮，在此窗口中选择“定义”选项卡。清空“命令文本”框，键入如下 SQL 语句后点击“确定”按钮。

```
SELECT [学生表$].学号,姓名,性别,年龄,专业,课程号,成绩
FROM [学生表$] LEFT OUTER JOIN [选课表$] ON [学生表$].学号=[选课表$].学号
```

查询结果如图 8.9 所示。

学号	姓名	性别	年龄	专业	课程号	成绩
201801001	王青青	女	20	网络工程	C03002	80
201801001	王青青	女	20	网络工程	C03001	89
201801002	王华清	女	20	网络工程	C03003	90
201801002	王华清	女	20	网络工程	C03001	88
201801002	王华清	女	20	网络工程	C03002	84
201801003	刘再兴	男	20	网络工程	C03002	85
201801003	刘再兴	男	20	网络工程	C03003	91
201802001	李明伟	男	21	软件工程	C03006	85
201802001	李明伟	男	21	软件工程	C03005	87
201802001	李明伟	男	21	软件工程	C03007	73
201802002	赵琳琳	女	20	软件工程	C03005	86
201802002	赵琳琳	女	20	软件工程	C03001	94
201802002	赵琳琳	女	20	软件工程	C03002	90
201903001	明华	男	19	计算机科学与技术	C03007	89
201903001	明华	男	19	计算机科学与技术	C03006	79
201903002	孙德梅	女	19	计算机科学与技术		
201903003	董华萌	女	20	计算机科学与技术		
201903004	李丽	女	19	计算机科学与技术		

图 8.9　左外连接

由结果可以看出，位于左边的“学生表”，虽然有三位学生（学号为“201903002”“201903003”和“201903004”）没有对应的选课记录，但仍然保留在结果中，其对应的“课程号”和“成绩”列为空值。

8.1.2.2　右外连接

右外连接是指，将位于连接条件右侧的表中不满足连接条件的行保留在连接结果中。仍以“教学信息库.xlsx”中的数据为例，查询所有课程被选的情况，包括学号、课程号、成绩、课程名称、先修课以及学分。

此例中，需要将“选课表”和“课程表”连接起来。因为要查询“所有”课程被选的情况，因此，没有学生选的课程也要保留在结果中。如果要使用右外连接，那么可以将“课程表”放到连接条件的右侧。具体步骤如下。

步骤 1：在“教学信息库.xlsx”工作簿中增加一个新的工作表“右外连接”，并选中 A1 单元格。

步骤 2：点击“数据”菜单，在“获取和转换数据”组中选择“现有连接”按钮，在打开的“现有连接”窗口中点击“浏览更多...”按钮，在弹出的“选取数据源”窗口中选取“教学信息库.xlsx”所在的目录，并选择此文件，然后点击“打开”按钮。在弹出的“选择表格”窗口中保持默认选项，点击“确定”按钮。

步骤 3：在弹出的“导入数据”窗口中点击“属性”按钮，在此窗口中选择“定义”选项卡。清空“命令文本”框，键入如下 SQL 语句后点击“确定”按钮。

```
SELECT 学号,[选课表$].课程号,成绩,课程名称,先修课,学分
FROM [选课表$] RIGHT OUTER JOIN [课程表$] ON [选课表$].课程号=[课程表$].课程号
```

查询结果如图 8.10 所示。

学号	课程号	成绩	课程名称	先修课	学分
201802002	C03001	94	数据库概论	C03005	4
201801002	C03001	88	数据库概论	C03005	4
201801001	C03001	89	数据库概论	C03005	4
201802002	C03002	90	高等数学		2
201801003	C03002	85	高等数学		2
201801002	C03002	84	高等数学		2
201801001	C03002	80	高等数学		2
201801003	C03003	91	信息系统	C03004	4
201801002	C03003	90	信息系统	C03004	4
			操作系统	C03002	3
201802002	C03005	86	数据结构	C03002	4
201802001	C03005	87	数据结构	C03002	4
201903001	C03006	79	数据处理	C03003	2
201802001	C03006	85	数据处理	C03003	2
201903001	C03007	89	JAVA语言	C03006	4
201802001	C03007	73	JAVA语言	C03006	4

图 8.10　右外连接

由结果可以看出，作为右表的“课程表”，有一门“操作系统”的课程是没有学生选课的，所以没有对应的选课记录，但仍保留在了结果中，其对应的“学号”、选课表的“课程号”以及“成绩”列为空值。

8.1.2.3 全外连接

全外连接是指，将连接条件两侧表中所有不满足连接条件的行都保留在结果中。因此，全外连接实际上是左外连接和右外连接两个结果的并集。所以，可以使用集合查询“UNION”语句来实现。

UNION 语句用来将两个表中的行合并到一个表中。要合并的两个表，需要具备相同的表结构，即必须具有相同的列，且对应列的数据类型也必须相同。其语法结构为：

```
<SELECT 语句块>
UNION[ALL]
<SELECT 语句块>
```

每一个 SELECT 语句块都可以查询出一个结果集，UNION 将两个结果集合并在一起输出。如果使用 ALL 选项，则两个结果集中的重复行也一并输出，如果不使用 ALL，则可以删除重复行之后将结果输出。

在进行全外连接时，分别把左外连接和右外连接放在 UNION 的前后，即可实现全外连接查询。下面举例说明。

现有如图 8.11 和图 8.12 所示的两个产品库存表，都放在工作簿文件“产品库存表.xlsx”中。从表中数据可以看出，“库存表 1”中包含两个“库存表 2”中没有的产品（型号为：DC003 以及 DX003），“库存表 2”中包含三个“库存表 1”中没有的产品（型号为：DS001、DS002 以及 DS003）。如果两个表做全外连接，那么这些在对方表中不存在的行都应该出现在结果集中。具体步骤如下。

	A	B	C
1	产品型号	产品价格	
2	DC001	1200	
3	DC002	1400	
4	DC003	1250	
5	DC004	1300	
6	DX001	2100	
7	DX002	2200	
8	DX003	2000	
9	DX004	2250	
10	DX005	2600	

库存表1

图 8.11 库存表 1

产品型号	产品数量
DC001	200
DC002	100
DC004	140
DX001	130
DX002	150
DX004	110
DX005	210
DS001	240
DS002	200
DS003	100

库存表2

图 8.12　库存表 2

步骤 1：在“产品库存表.xlsx”工作簿中增加一个新的工作表“全外连接”，并选中 A1 单元格。

步骤 2：点击“数据”菜单，在“获取和转换数据”组中选择“现有连接”按钮，在打开的“现有连接”窗口中点击“浏览更多...”按钮，在弹出的“选取数据源”窗口中选取“产品库存表.xlsx”所在的目录，并选择此文件，然后点击“打开”按钮。在弹出的“选择表格”窗口中保持默认选项，点击“确定”按钮。

步骤 3：在弹出的“导入数据”窗口中点击“属性”按钮，在此窗口中选择“定义”选项卡。清空“命令文本”框，键入如下 SQL 语句后点击“确定”按钮。

```
SELECT [库存表1$].产品型号,产品价格,产品数量
FROM [库存表1$] LEFT OUTER JOIN [库存表2$] ON [库存表1$].产品型号=[库存表2$].产品型号
UNION
SELECT [库存表2$].产品型号,产品价格,产品数量
FROM [库存表1$] RIGHT OUTER JOIN [库存表2$] ON [库存表1$].产品型号=[库存表2$].产品型号
```

查询结果如图 8.13 所示。

产品型号	产品价格	产品数量
DC001	1200	200
DC002	1400	100
DC003	1250	
DC004	1300	140
DS001		240
DS002		200
DS003		100
DX001	2100	130
DX002	2200	150
DX003	2000	
DX004	2250	110
DX005	2600	210

全外连接

图 8.13　全外连接

小结

连接查询可以方便地将一个表或者多个表连接起来查询所需数据，这既展示了 SQL 的强大功能，同时也表达了关系数据库中实体间一对多、多对多的数据联系。

8.2 嵌套查询

在 SQL 中，由 SELECT-FROM-WHERE 组成的语句块称之为一个查询块。当把一个查询块嵌套在另一个查询块的 WHERE 子句或 HAVING 短语的条件中时，称为嵌套查询。在嵌套查询内层的查询称为内层查询或者子查询，在外层的查询称为外层查询或者父查询。

嵌套查询的内外查询可以基于不同的表，因此有些嵌套查询是可以和连接查询等价替代的。按照引导嵌套查询的谓词不同，可以分为由 IN 引导的嵌套查询、由比较运算符引导的嵌套查询、由 ANY 或 ALL 引导的嵌套查询、由 EXISTS 引导的嵌套查询，这些引导谓词放在 WHERE 子句或者 HAVING 短语的后面。

嵌套查询在执行时，一般先执行内层查询，内层查询会返回单个值或单个列的多个值，外层查询会根据内层查询给出的返回值作为查询条件去执行外层查询。在这种查询中，内层查询的查询条件是不依赖于外层查询的，称为不相关嵌套查询。而如果内层查询的查询条件依赖于外层查询时，称为相关嵌套查询。

嵌套查询在使用时，需要注意以下事项：

① 子查询要使用圆括号括起来；

② 子查询中不能使用 ORDER BY 子句，ORDER BY 子句是对最终结果排序的；

③ 嵌套查询是可以嵌套的，层层嵌套方式恰恰反映了 SQL 的结构化；

④ 有些嵌套查询可以用连接查询替代。

8.2.1 由 IN 引导的嵌套查询

当内层查询的结果返回一个值或者多个单列值的集合，而外层查询将这些值作为查询条件时，可以使用谓词 IN 来引导；如果表达否定意义，则可以在“IN”前面加上谓词“NOT”。其语法格式为：

```
WHERE 查询表达式 [NOT]IN (子查询)
```

子查询的结果可以是一个值，也可以是一列值。特别是当结果是一列值时，要使用 IN 引导的嵌套查询。此时，要把子查询的结果与 WHERE 后的查询表达式做比较，只要有一个值与之匹配，则返回 TRUE，外层查询对应的行将被放入结果集。

下面举例说明。

8.2.1.1 两层嵌套查询

对于“教学信息库.xlsx”中的“学生表”，查找与“李明伟”在同一个专业的学生学号、姓名以及专业信息。要查询此信息，可以分两步走。

第一步，查找“李明伟”所在的专业。SQL 语句如下：

```
SELECT 专业
FROM [学生表$]
WHERE 姓名='李明伟'
```

通过查询，得到“李明伟”的专业为“软件工程”。

第二步，查找“软件工程”专业的学生学号、姓名及相应专业。SQL 语句如下：

```
SELECT 学号,姓名,专业
FROM [学生表$]
WHERE 专业 IN ('软件工程')
```

通过查询，得到两条学生记录。

如果将第一步查询嵌入到第二步查询的条件中，即可生成如下的嵌套查询语句：

```
SELECT 学号,姓名,专业
FROM [学生表$]
WHERE 专业 IN
 (SELECT 专业
 FROM [学生表$]
 WHERE 姓名='李明伟')
```

详细步骤如下。

步骤 1：在“教学信息库.xlsx”工作簿中增加一个新的工作表“由 IN 引导的嵌套查询”，并选中 A1 单元格。

步骤 2：点击“数据”菜单，在“获取和转换数据”组中选择“现有连接”按钮，在打开的“现有连接”窗口中点击“浏览更多…”按钮，在弹出的“选取数据源”窗口中选取“教学信息库.xlsx”所在的目录，并选择此文件，然后点击“打开”按钮。在弹出的“选择表格”窗口中保持默认选项，点击“确定”按钮。

步骤 3：在弹出的“导入数据”窗口中点击“属性”按钮，在此窗口中选择“定义”选项卡。清空“命令文本”框，键入如下 SQL 语句后点击“确定”按钮。

```
SELECT 学号,姓名,专业
FROM [学生表$]
WHERE 专业 IN
 (SELECT 专业
FROM [学生表$]
WHERE 姓名='李明伟')
```

查询结果如图 8.14 所示。

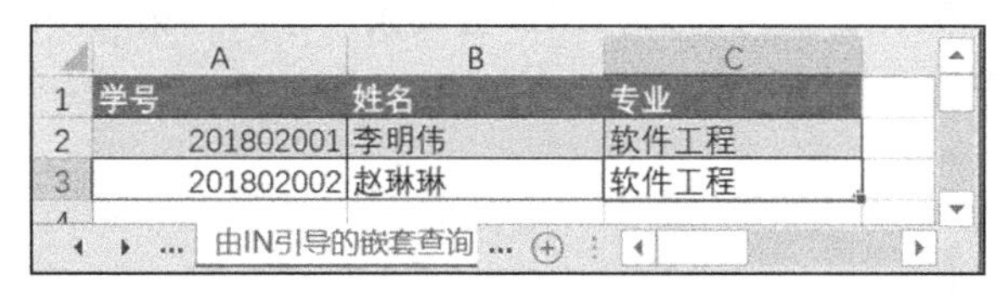

图 8.14　由 IN 引导的嵌套查询

这个查询中的内外查询都来自同一个表，因此也可以使用自身连接来实现，语句如下：

```
SELECT A.学号,A.姓名,A.专业
FROM [学生表$] A,[学生表$] B
WHERE A.专业=B.专业 AND B.姓名='李明伟'
```

8.2.1.2　三层嵌套查询

继续以“教学信息库.xlsx”为例，查询选修了课程名为“数据库概论”的学生学号、姓名和专业。分析可知，“数据库概论”是“课程名称”，只存在于“课程表”中，要查询哪些学生选了“数据库概论”，需要拿着“数据库概论”对应的课程号去“选课表”中找到与此课程号对应的“学号”。有了“学号”，就可以去“学生表”中找到对应的“姓名”和“专业”了。因此，此查询可以分三步走。

第一步，在“课程表”中查找课程名为“数据库概论”的课程号，查询结果为“C03001”。SQL 语句如下：

```
SELECT 课程号
FROM [课程表$]
```

```
WHERE 课程名称='数据库概论'
```

第二步，在“选课表”中查找选了课程号为“C03001”的学生学号，查询结果为“201801001”“201801002”和“201802002”。SQL 语句如下：

```
SELECT 学号
FROM [选课表$]
WHERE 课程号='C03001'
```

第三步，在“学生表”中查找学号为“201801001”“201801002”和“201802002”的学生姓名以及专业。SQL 语句如下：

```
SELECT 学号,姓名,专业
FROM [学生表$]
WHERE 学号 IN('201801001','201801002','201802002')
```

这三步中，“上一步”的查询结果都成为“下一步”的查询条件，因此可以把第一步的查询嵌入第二步的 WHERE 查询条件中，把第二步的查询嵌入第三步的 WHERE 查询条件中，形成如下的三层嵌套查询：

```
SELECT 学号,姓名,专业
FROM [学生表$]
WHERE 学号 IN
  (SELECT 学号
  FROM [选课表$]
  WHERE 课程号 IN
    (SELECT 课程号
    FROM [课程表$]
    WHERE 课程名称='数据库概论'))
```

详细步骤如下。

步骤 1：在“教学信息库.xlsx”工作簿中增加一个新的工作表“三层嵌套查询”，并选中 A1 单元格。

步骤 2：点击“数据”菜单，在“获取和转换数据”组中选择“现有连接”按钮，在打开的“现有连接”窗口中点击“浏览更多…”按钮，在弹出的“选取数据源”窗口中选取“教学信息库.xlsx”所在的目录，并选择此文件，然后点击“打开”按钮。在弹出的“选择表格”窗口中选择保持默认选项，点击“确定”按钮。

步骤 3：在弹出的“导入数据”窗口中点击“属性”按钮，在此窗口中选择“定义”选项卡。清空“命令文本”框，键入如下 SQL 语句后点击“确定”按钮。

```
SELECT 学号,姓名,专业
FROM [学生表$]
```

```
WHERE 学号 IN
  (SELECT 学号
  FROM [选课表$]
  WHERE 课程号 IN
    (SELECT 课程号
    FROM [课程表$]
    WHERE 课程名称='数据库概论'))
```

查询结果如图 8.15 所示。

学号	姓名	专业
201801001	王青青	网络工程
201801002	王华清	网络工程
201802002	赵琳琳	软件工程

图 8.15　三层嵌套查询

在这个查询中，虽然涉及三个表，但是仍可以使用连接查询来实现。三个表的连接查询，需要两个连接条件将其连接起来，语句如下：

```
SELECT [学生表$].学号,姓名,专业
FROM [学生表$],[选课表$],[课程表$]
WHERE[学生表$].学号=[选课表$].学号 AND [选课表$].课程号=[课程表$].课程号 AND 课程名称='数据库概论'
```

8.2.2　由比较运算符引导的嵌套查询

由比较运算符引导的嵌套查询是指外层和内层查询之间使用>、<、=、>=、<=以及< >（不等于）等比较运算符进行连接的查询。比较运算符连接的嵌套查询要求内层查询只能返回单个值。

对于 8.2.1.1 中的例子，“查找与‘李明伟’在同一个专业的学生学号、姓名以及专业信息”，因为一个学生只能在一个专业学习，即内查询的结果是确切的单一值，在此种情况下，连接内外查询的谓词 IN 可以用比较运算符“=”来代替，即：

```
SELECT 学号,姓名,专业
FROM [学生表$]
WHERE 专业=
  (SELECT 专业
  FROM [学生表$]
```

```
WHERE 姓名='李明伟')
```

如果查询“与‘李明伟’不在同一个专业的学生学号、姓名以及专业信息”时，其查询条件与上例正好相反，可以使用如下 SQL 语句来实现。

```
SELECT 学号,姓名,专业
FROM [学生表$]
WHERE 专业<>
(SELECT 专业
FROM [学生表$]
WHERE 姓名='李明伟')
```

结果如图 8.16 所示。

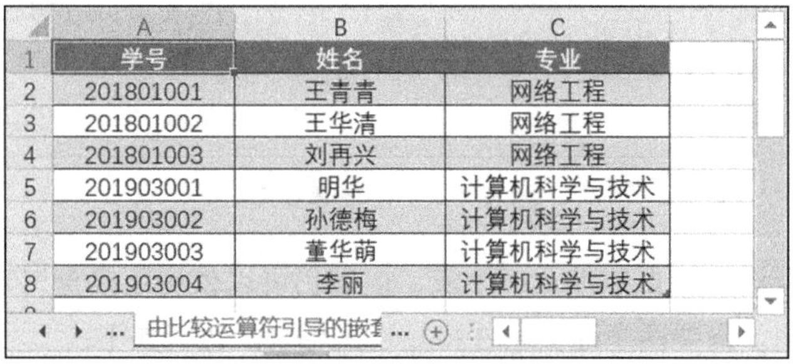

	A	B	C
1	学号	姓名	专业
2	201801001	王青青	网络工程
3	201801002	王华清	网络工程
4	201801003	刘再兴	网络工程
5	201903001	明华	计算机科学与技术
6	201903002	孙德梅	计算机科学与技术
7	201903003	董华萌	计算机科学与技术
8	201903004	李丽	计算机科学与技术

由比较运算符引导的嵌套...

图 8.16　由比较运算符引导的嵌套查询

8.2.3　由 ANY 或 ALL 引导的嵌套查询

使用比较运算符引导子查询时，子查询返回的是单个值，如果子查询返回多个值，同时要进行比较判断时，需要使用“比较运算符+ANY|ALL”来引导子查询。谓词 ANY 是指任意一个值，而谓词 ALL 是指所有值。其语法格式为：

```
WHERE 比较运算符 ANY|ALL （子查询）
```

ANY 和 ALL 谓词搭配比较运算符后，有些是可以用聚集函数或者 IN（包括 NOT IN）来实现的。具体的含义及转换表达式见表 8.1。

表 8.1　ANY 和 ALL 的使用说明

表达式	含义	等价转换表达式
>ANY	大于子查询结果中的某个值	>MIN
>ALL	大于子查询结果中的所有值	>MAX
<ANY	小于子查询结果中的某个值	<MAX
<ALL	小于子查询结果中的所有值	<MIN

续表

表达式	含义	等价转换表达式
>= ANY	大于等于子查询结果中的某个值	>=MIN
>= ALL	大于等于子查询结果中的所有值	>=MAX
<= ANY	小于等于子查询结果中的某个值	<=MAX
<= ALL	小于等于子查询结果中的所有值	<=MIN
= ANY	等于子查询结果中的某个值	IN
= ALL	等于子查询结果中的所有值 （通常没有实际意义）	无
< >ANY	不等于子查询结果中的某个值	无
< >ALL	不等于子查询结果中的任何一个值	NOT IN

下面举例说明。

以“教学信息库.xlsx”的数据为例，查询高于“C03006”课程的全部成绩且选修了“C03001”课程的学生的学号，课程号和成绩。在此例中，首先要查询出课程“C03006”的所有成绩，形成一个结果集；其次，使用谓词“>ALL”判断选课表中的学生成绩是否要高于上步查询出来的结果集中的所有成绩，查询出比“C03006”课程成绩都要高的学生信息；最后，使用 WHERE 语句判断这些学生是否选修了“C03001”。详细步骤如下。

步骤 1：在“教学信息库.xlsx”工作簿中增加一个新的工作表“由 ALL 引导的嵌套查询”，并选中 A1 单元格。

步骤 2：点击“数据”菜单，在“获取和转换数据”组中选择“现有连接”按钮，在打开的“现有连接”窗口中点击“浏览更多...”按钮，在弹出的“选取数据源”窗口中选取“教学信息库.xlsx”所在的目录，并选择此文件，然后点击“打开”按钮。在弹出的“选择表格”窗口中选择保持默认选项，点击“确定”按钮。

步骤 3：在弹出的“导入数据”窗口中点击“属性”按钮，在此窗口中选择“定义”选项卡。清空“命令文本”框，键入如下 SQL 语句后点击“确定”按钮。

```
SELECT A.学号,A.课程号,A.成绩
FROM [选课表$] A
WHERE A.成绩>ALL(
SELECT B.成绩
FROM [选课表$] B
```

```
WHERE B.课程号='C03006')
AND A.课程号='C03001'
```

查询结果如图 8.17 所示。

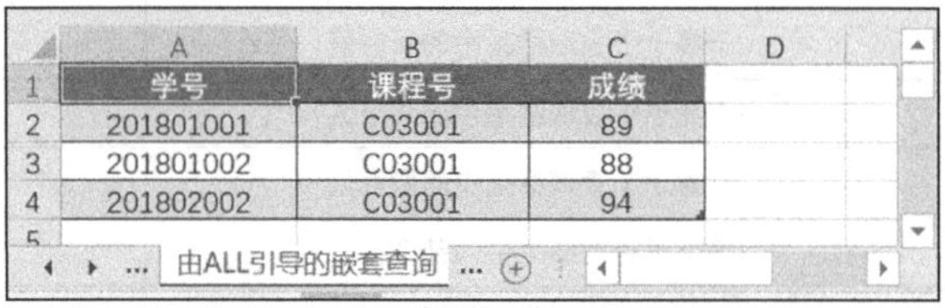

学号	课程号	成绩
201801001	C03001	89
201801002	C03001	88
201802002	C03001	94

由ALL引导的嵌套查询

图 8.17　由 ALL 引导的嵌套查询

此例中使用了引导谓词“>ALL”，意为大于所有值，只要判断其“是否大于最大值”就可以推断其“是否大于所有值”，因此可以用“>MAX”来替代。SQL 语句如下：

```
SELECT A.学号,A.课程号,A.成绩
FROM [选课表$] A
WHERE A.成绩> (
SELECT MAX(B.成绩)
FROM [选课表$] B
WHERE B.课程号='C03006')
AND A.课程号='C03001'
```

通常情况下，使用聚集函数比直接用 ANY 或 ALL 引导的子查询效率要高，因为通过聚集函数得出最大值或者最小值，可以明显地减少比较次数，从而提高效率。

8.2.4　由 EXISTS 引导的嵌套查询

EXISTS 谓词代表“存在”量词，由其引导的嵌套查询可以用来判断是否存在满足条件的数据。因此，EXISTS 谓词引导的子查询不返回任何数据，只产生逻辑真（“true”）或逻辑假（“false”）。其语法格式为：

```
WHERE [NOT ]EXISTS (子查询)
```

当使用 EXISTS 时：若内层查询结果非空，则返回真值；若内层查询结果为空，则返回假值。当使用 NOT EXISTS 时：若内层查询结果非空，则返回假值；若内层查询结果为空，则返回真值。

因为 EXISTS 引导的子查询只返回真值或假值，给出列名无实际意义，因此由 EXISTS 引出的子查询，SELECT 后的目标列表达式通常都用*来代替。下

面举例说明。

仍以“教学信息库.xlsx”的数据为例，查询所有选修了“C03002”课程的学生学号、姓名及专业。在这个查询中，“姓名”和“专业”只存在于“学生表”中，而被学生选的“课程号”只存在于“选课表”中，因此，至少要用两个表来实现此查询。

对于多表查询，既可以使用连接查询，又可以使用嵌套查询。首先，使用 EXISTS 引导的嵌套查询来实现，具体步骤如下。

步骤 1： 在“教学信息库.xlsx”工作簿中增加一个新的工作表“由 EXISTS 引导的嵌套查询”，并选中 A1 单元格。

步骤 2： 点击“数据”菜单，在“获取和转换数据”组中选择“现有连接”按钮，在打开的“现有连接”窗口中点击“浏览更多...”按钮，在弹出的“选取数据源”窗口中选取“教学信息库.xlsx”所在的目录，并选择此文件，然后点击“打开”按钮。在弹出的“选择表格”窗口中选择保持默认选项，点击“确定”按钮。

步骤 3： 在弹出的“导入数据”窗口中点击“属性”按钮，在此窗口中选择“定义”选项卡。清空“命令文本”框，键入如下 SQL 语句后点击“确定”按钮。

```
SELECT 学号,姓名,专业
FROM [学生表$]
WHERE EXISTS
(SELECT *
FROM [选课表$]
WHERE [学生表$].学号=[选课表$].学号 AND 课程号='C03002')
```

查询结果如图 8.18 所示。

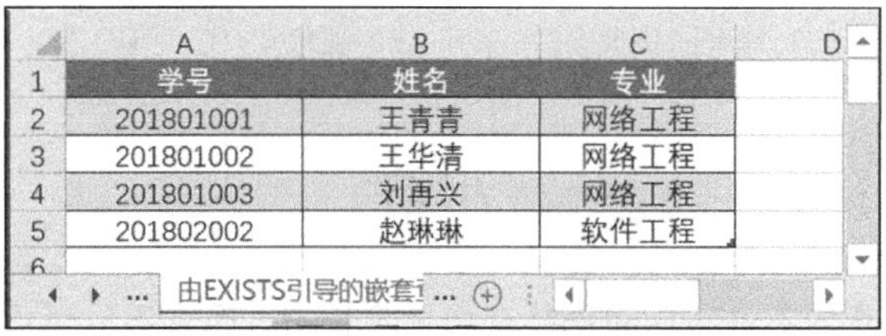

	A	B	C	D
1	学号	姓名	专业	
2	201801001	王青青	网络工程	
3	201801002	王华清	网络工程	
4	201801003	刘再兴	网络工程	
5	201802002	赵琳琳	软件工程	
6				

由EXISTS引导的嵌套查...

图 8.18　由 EXISTS 引导的嵌套查询

由 EXISTS 引导的嵌套查询和 IN、比较运算符引导的嵌套查询不同，其执行的过程如下。

① 首先执行外层查询，从外层查询结果中取出第一行，即学号为“201801001”的学生的学号、姓名及专业；

② 把外层查询取出的学生学号，放到内层查询中去执行，如果满足了内层查询中 WHERE 子句的条件，说明学号为“201801001”的学生选了“C03002”这门课，EXISTS 将返回一个真值给外层查询，外层查询将会把第一行作为结果输出；如果把学生学号放到内层查询去执行，不能满足内层查询中 WHERE 子句的条件，说明学号为“201801001”的学生没有选“C03002”这门课，EXISTS 将返回一个假值给外层查询，外层查询将会把第一行舍弃；

③ 外层查询逐步取出第二行、第三行等数据，依次放到内层查询判断真假，直至最后一行；

④ 把所有在内层查询中判断为真的行作为结果输出。

从 EXISTS 执行的过程可以看出，内层查询不是执行一次就结束，而是要根据外层查询的结果执行多次。像这种内层查询的查询条件依赖于外层查询的嵌套查询，就是相关嵌套查询。

此例还可以使用连接查询来实现，语句如下：

```
SELECT [学生表$].学号,姓名,专业
FROM [学生表$],[选课表$]
WHERE [学生表$].学号=[选课表$].学号 AND 课程号='C03002'
```

同样，还可以查询没有选修“C03002”课程的学生学号、姓名及专业，语句如下：

```
SELECT 学号,姓名,专业
FROM [学生表$]
WHERE NOT EXISTS
 (SELECT *
 FROM [选课表$]
 WHERE [学生表$].学号=[选课表$].学号 AND 课程号='C03002')
```

小结

有些嵌套查询不仅可以和连接查询等价替换，而且不同谓词引导的嵌套查询之间也是可以替换的。一般情况下，由 IN、比较运算符、ANY 和 ALL 谓词引导的嵌套查询能够用 EXISTS 谓词引导的子查询等价替换，但由 EXISTS 谓词引导的嵌套查询不一定能被其他谓词引导的子查询等价替换。

第 9 章　SQL 与数据透视表

数据透视表是 Excel 数据分析的重要工具，是一种交互式报表，可以根据不同的需要以及不同的数据来源提取、组织和分析数据，得到想要的分析结果。数据透视表集合了筛选、排序以及分类汇总等多种功能，是一种动态的数据分析工具。

在数据透视表中，用户除了可以对数值进行分类汇总和聚集，还可以按照分类和子分类对数据进行汇总，创建自定义的计算和公式，对需要的数据以及想要重点关注的数据集合进行针对性的筛选、排序、分组，有条件地设置格式，以达到多维数据分析的目的。

将 SQL 语句引入数据透视表，可以突破 Excel 自身的局限，将来自不同工作簿和表的数据集合起来，生成动态的数据透视表，更大化发挥数据透视表的功能。

9.1　数据透视表基本操作

下面以“人事信息表.xlsx”为例，讲解数据透视表的基本操作。

9.1.1　创建数据透视表

要创建数据透视表，首先要有数据源，且要保证数据源的第一行中是列名信息。根据数据来源不同，分为以下几种方法：

① 在一个工作表中创建数据透视表；

② 通过合并一个工作表中不同区域的数据创建数据透视表；

③ 通过合并多个工作表中的数据创建数据透视表；

④ 通过合并多个工作簿中的不同工作表的数据创建数据透视表；

⑤ 通过使用外部数据源创建数据透视表。

下面介绍如何在一个 Excel 工作表中创建数据透视表，这是创建数据透视表最基本的方法。

如图 9.1 所示的“人事信息表.xlsx”，表中展示了某公司多个部门的人事信息，现在要在此表上创建数据透视表，使之可以根据不同的部门分男女统计工资总额。详细步骤如下。

	A	B	C	D	E
1	员工号	姓名	性别	部门	月薪/年
2	A001	李丽	女	行政部	4200
3	A002	郑强强	男	行政部	4000
4	A003	刘增强	男	行政部	4500
5	A004	李政	男	行政部	3000
6	B001	王国华	男	财务部	5000
7	B002	赵林	男	财务部	4500
8	B003	晓静	女	财务部	4000
9	B004	赵玲玲	女	财务部	4000
10	C001	王璐璐	女	采购部	5000
11	C002	董贵山	男	采购部	5600
12	C003	王梅梅	女	采购部	5400

人事信息表

图 9.1 人事信息表

步骤 1：在表中的数据区域中点击任意一个单元格。

步骤 2：点击“插入”菜单，在“表格”组中点击“数据透视表”按钮，打开“创建数据透视表”的窗口，见图 9.2。在“请选择要分析的数据”选项中选中“选择一个表或区域”。如果在打开此窗口前已经选中了数据区域中的任意单元格，则“请选择一个表或区域”的选项中会自动填充上系统表名。如果插入数据透视表之前没有选中数据区域中的单元格，则可以点击按钮，使用鼠标拖动的方式在表中选择数据区域。“选择放置数据透视表的位置”选项用于设置数据透视表的插入位置，可以选择“新工作表”，即在现有工作簿中增加一个工作表来插入数据透视表，也可以选择“现有工作表”，指的是在数据区域的附近选择一个位置来显示数据透视表。在这里按照如图所示的默认选项，不再更改。设置好后，点击“确定”按钮。

步骤 3：此时，会弹出如图 9.3 所示的数据透视表编辑区域。其中，左侧区域为数据透视表将要显示的区域，右侧为设置“数据透视表字段”的任务窗格。

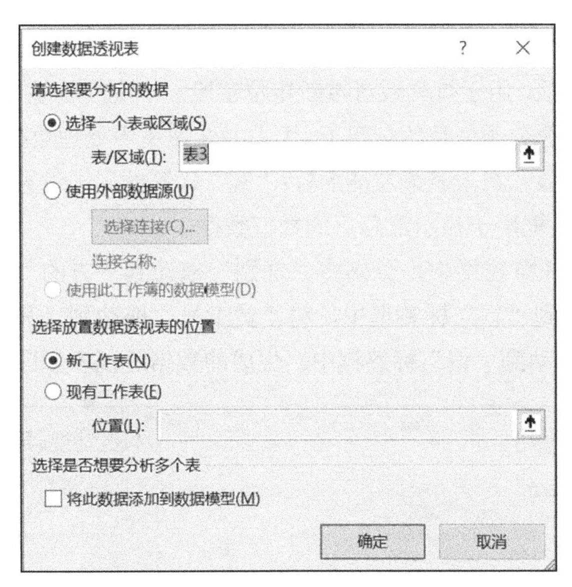

图 9.2　创建数据透视表-选择数据源

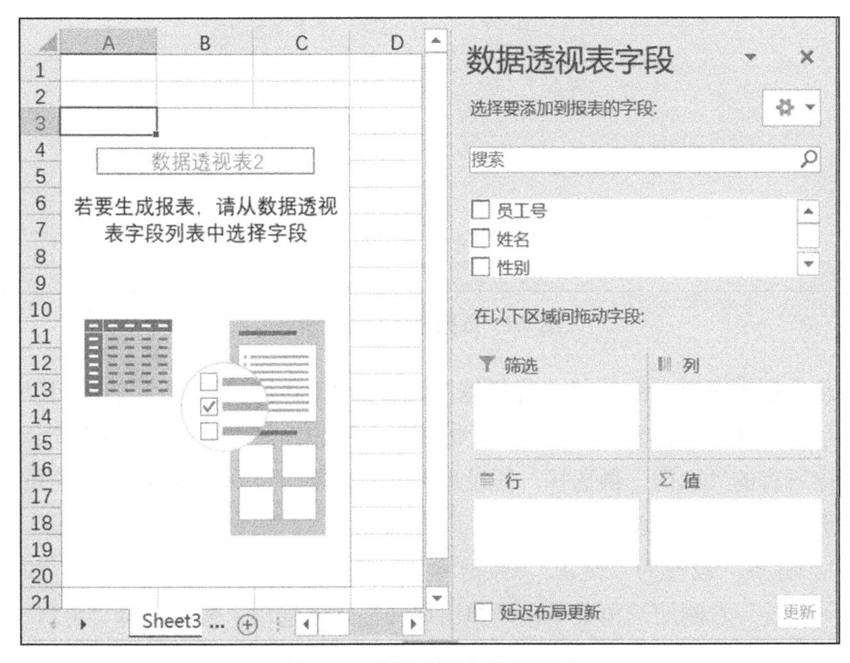

图 9.3　数据透视表编辑区域

“数据透视表字段”任务窗格分为两个部分：“选择要添加到报表的字段：”部分列出了数据源中所有的列名，可以选择性地添加到数据透视表中，也可以在数据透视表中将其删除；“在以下区域间拖动字段：”部分是数据源数据在透视表中的布局选项，用于排列或者重新定位字段。“筛选”标签框中显示的字段，是指可以在不修改分类信息的情况下，汇总并快速集中处理数据子集的列；“行”标签框用于设置显示在报表最左侧的行；“列”标签框用于设置显示为报表顶部的列；“值”标签框用于显示汇总后的数值数据。

步骤 4：在任务窗格中，分别将“性别”拖动到下方的“列”标签框中，将“部门”拖动到“行”标签框中，将“员工号”拖动到“筛选”标签框中，将“月薪/年”拖动到“值”标签框中。生成的数据透视表如图 9.4 所示。

图 9.4 数据透视表的编辑

从透视表可以看到，将“行标签”设置为“部门”后，不同的部门以行标签的形式出现在透视表中。点击“行标签”右侧的三角菜单，如图 9.5 所示，可以列出所有的“部门”供选择，假设选择“财务部”，将把“财务部”的员工信息筛选出来，如图 9.6 所示。

“列标签”设置为“性别”，数据将按照“性别”的取值分列显示。如果点击“列标签”右侧的三角菜单，则弹出选择性别的选项。假设选择“男”，则会筛选出如图 9.7 所示性别为“男”的员工信息。

在数据透视表的左上方显示了“员工号”，这个位置的选项是由“筛选”标签框中的字段决定的。当设置筛选框中的字段后，可以按照此字段的任意取值进行筛选，而不再做统计分析。选择透视表左上方“员工号”后的三角菜单，将会弹出数据源中所有“员工号”的取值，选中一个值“A004”后，则只有“员工号”为“A004”的员工信息显示在数据透视表中。如图 9.8 所示。

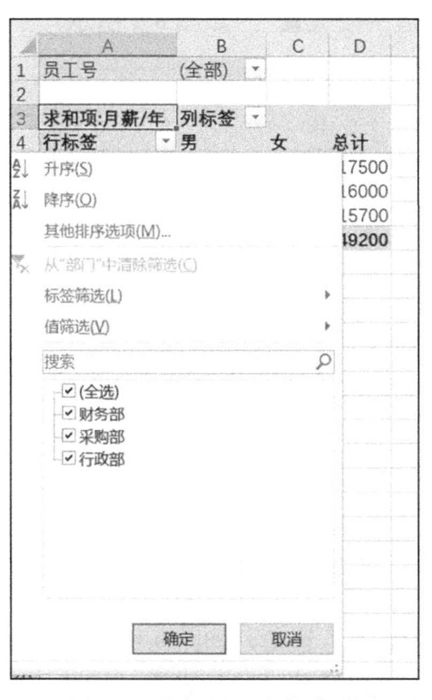

图 9.5　数据透视表-行标签

图 9.6　行标签的选择

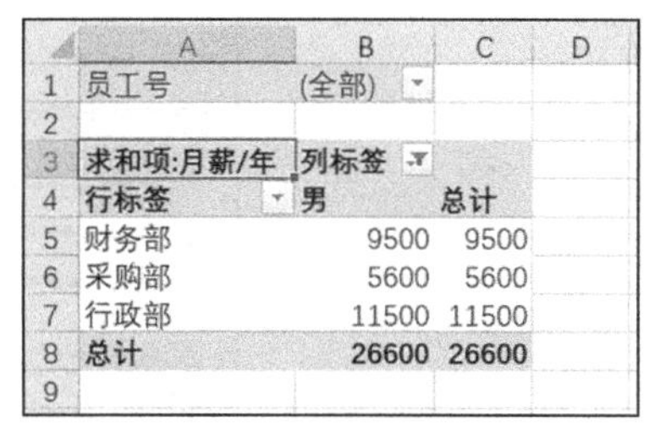

图 9.7　列标签的选择

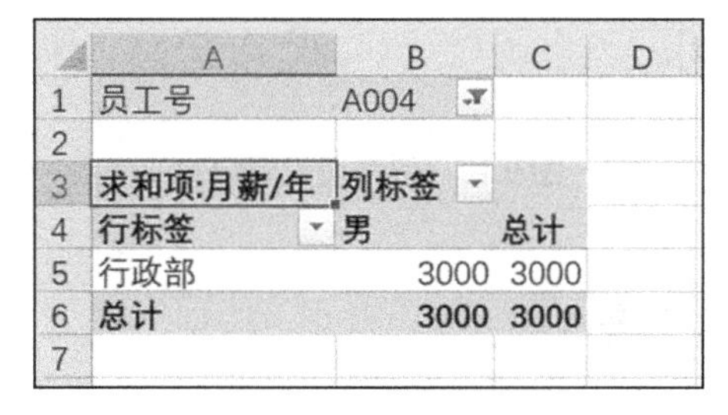

图 9.8　筛选标签的选择

在“数据透视表字段”窗格中，“值”文本框中设置为“求和项：月薪/年”，指的是对“月薪/年”求和。求和是默认选项，可以点击“求和项：月薪/年”，在弹出的菜单中选择“值字段设置”，如图 9.9 所示。

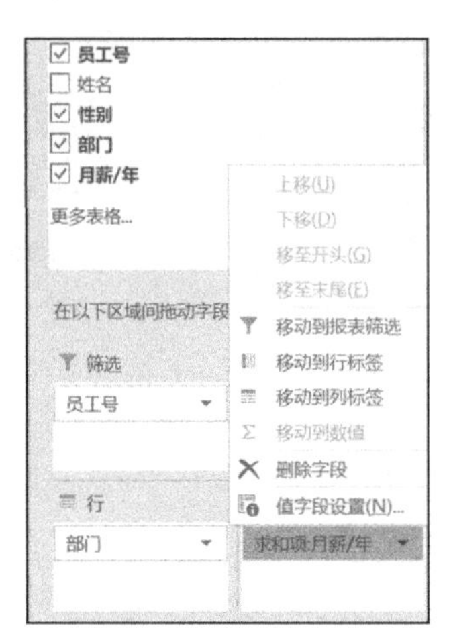

图 9.9　打开值字段设置

此时会打开“值字段设置”窗口，如图 9.10 所示。在“值字段设置”对话框中，可以选择对值字段汇总的方式，比如求和、计数、求平均值、求最大值等。

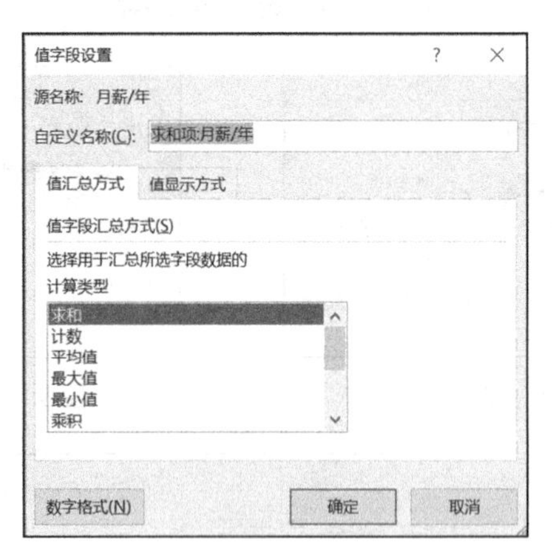

图 9.10　值字段设置窗口

9.1.2　编辑数据透视表

数据透视表创建之后，可以对其做进一步的编辑和修改，使之更加满足数据分类统计的需要，同时也可以更加美观。

对于图 9.4 已经创建好的数据透视表，鼠标点击透视表区域中的任意单元格，此时可以看到 Excel 中多出两个菜单选项，分别为“分析”和“设计”，如图 9.11 和图 9.12 所示。通过这两个菜单，可以完成对已有数据透视表的再编辑。

图 9.11　“分析”菜单

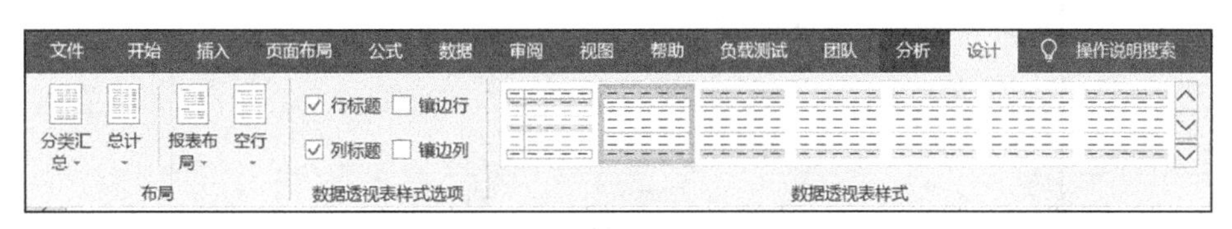

图 9.12　“设计”菜单

下面以图 9.4 的数据透视表为例，讲解切片器的使用方法。

切片器是一个筛选组件，能够使用户快速筛选数据透视表中的数据，而不需要通过下拉列表查找要筛选的项目。使用切片器的步骤如下。

步骤 1：点击数据透视表中任意单元格，选择“分析”菜单选项的“插入切片器”，此时会出现如图 9.13 所示的切片器选项。

步骤 2：点击要进行筛选的“列名”，假设点击“姓名”，然后点击“确定”，弹出“姓名”切片器。如图 9.14 所示。

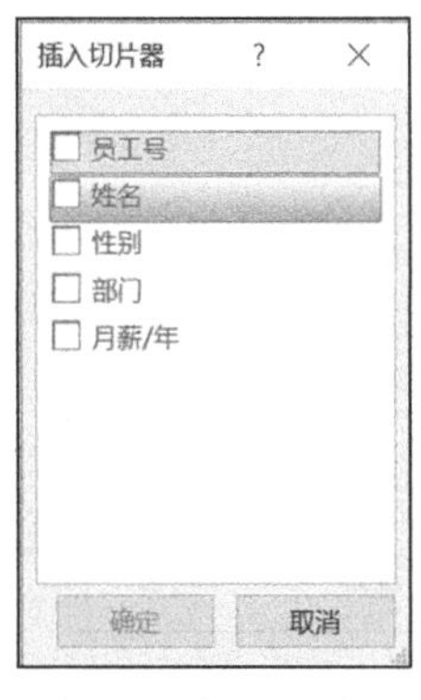

图 9.13　插入切片器

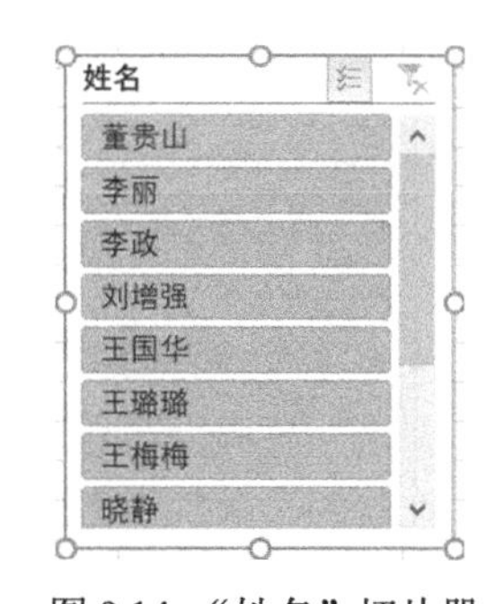

图 9.14　“姓名”切片器

步骤 3：在切片器点击任一姓名，例如“李政”，即可以在数据透视表中筛选出指定姓名的数据信息。如图 9.15 所示。

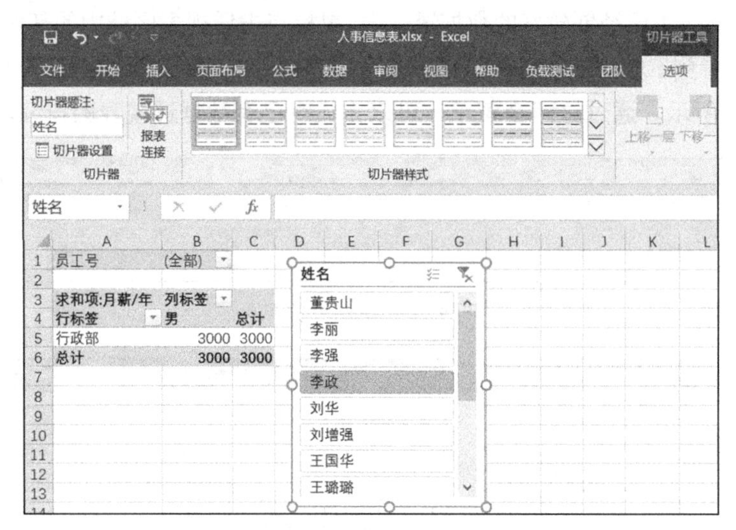

图 9.15　选择切片器后的数据透视表

步骤 4：鼠标指针定位于切片器时，Excel 的顶部菜单中出现“切片器工具选项”菜单。点击“选项”后，在“切片器”组中选择“切片器设置”按钮，出现如图 9.16 所示的窗口。在此窗口中，可以进一步对切片器的名称、数据的排序方式以及空值的显示等选项进行设置。

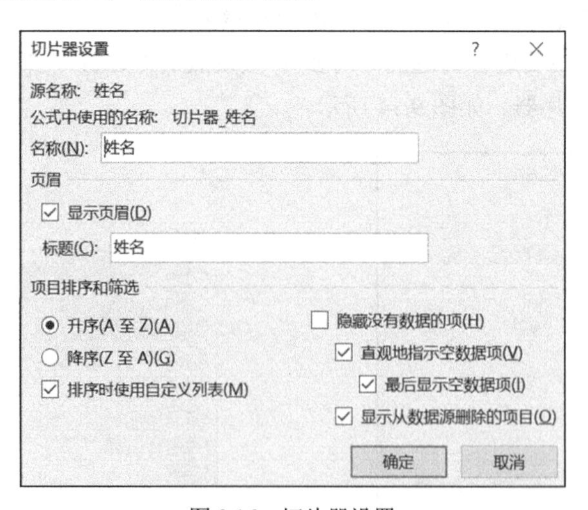

图 9.16　切片器设置

步骤 5：当不再使用切片器时，在切片器的标题栏点击右键，选择“删除

‘姓名’”，即可删除切片器，恢复到数据透视表的初始状态。

数据透视表是数据分析的基本操作，其功能与 SQL 中的 GROUP BY 和聚集函数的搭配使用相类似，都可以先按照字段分组，在分组上进行数据汇总。相比起来，数据透视表更加直观，而且可以通过鼠标拖动的方式对分类数据进行设置。

9.2 使用 SQL 创建数据透视表

通过 SQL 语句创建的数据透视表，不仅能够实现数据的动态更新，同时还能将不同工作簿以及不同工作表中的多个列表合并汇总成一个数据透视表，避免了在创建多重合并计算数据区域的透视表时，只能选择第一列作为行字段的限制。

9.2.1 使用 SQL 创建动态数据透视表

当使用 SQL 语句来创建数据透视表时，可以对生成的数据透视表进行刷新，从而使得透视表的结果可以随着外部数据源的变化而变化，实现动态数据透视表的创建。下面举例说明。

对于图 9.1 所示的“人事信息表.xlsx”，使用 SQL 语句创建动态数据透视表，步骤如下。

步骤 1：在“人事信息表.xlsx”工作簿中增加一个新的工作表“动态数据透视表”，并选中 A1 单元格。

步骤 2：点击“数据”菜单，在“获取和转换数据”组中选择“现有连接”按钮，在打开的“现有连接”窗口中点击“浏览更多...”按钮，在弹出的“选取数据源”窗口中选取“人事信息表.xlsx”所在的目录，并选择此文件，然后点击“打开”按钮。在弹出的“选择表格”窗口中选择“人事信息表$”后点击“确定”按钮。

步骤 3：在弹出的“导入数据”窗口中，“请选择该数据在工作簿中的显示方式”选择“数据透视表”，如图 9.17 所示。点击“属性”按钮，在“连接属性”窗口中选择“定义”选项卡，清空“命令文本”框，键入如下 SQL 语句后点击

“确定”按钮。

```
SELECT *
FROM [人事信息表$]
```

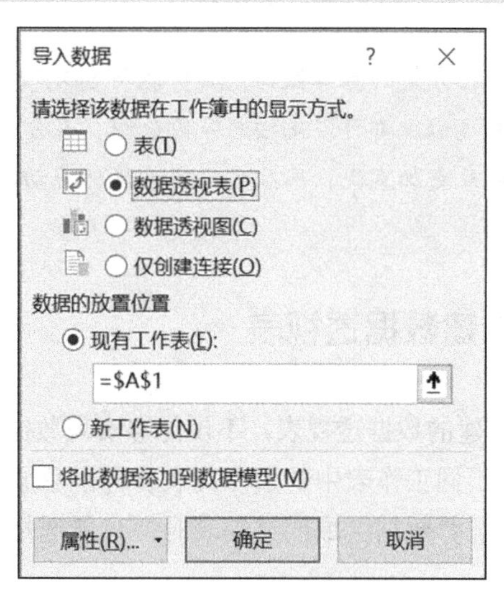

图 9.17 “导入数据”设置选项

此时，会弹出如图 9.3 所示的数据透视表编辑区域。可以按照 9.1.1 节的步骤生成数据透视表。

生成数据透视表后，假如更新了“销售部”数据，增加了两行人员信息（D001 和 D002），如图 9.18 所示，如何让数据透视表的数据也随之更新呢？

	A	B	C	D	E
1	员工号	姓名	性别	部门	月薪/年
2	A001	李丽	女	行政部	4200
3	A002	郑强强	男	行政部	4000
4	A003	刘增强	男	行政部	4500
5	A004	李政	男	行政部	3000
6	B001	王国华	男	财务部	5000
7	B002	赵林	男	财务部	4500
8	B003	晓静	女	财务部	4000
9	B004	赵玲玲	女	财务部	4000
10	C001	王璐璐	女	采购部	5000
11	C002	董贵山	男	采购部	5600
12	C003	王梅梅	女	采购部	5400
13	D001	刘华	女	销售部	5000
14	D002	李强	男	销售部	6000
15					

人事信息表 | 动态…

图 9.18 更新后的人事信息表

步骤 4： 点击“数据”菜单，在“查询和链接”组中选择“全部刷新”，此时可以看到数据透视表中的数据也随之发生了变化，如图 9.19 所示。

	A	B	C	D
1	员工号	(全部)		
2				
3	求和项:月薪/年	列标签		
4	行标签	男	女	总计
5	财务部	9500	8000	17500
6	采购部	5600	10400	16000
7	行政部	11500	4200	15700
8	销售部	6000	5000	11000
9	总计	32600	27600	60200

动态数据透视表

图 9.19　更新后的数据透视表

由此可见，当使用 SQL 语句生成数据透视表时，可以通过“刷新”选项，实现数据透视表的动态更新。

9.2.2　汇总多个数据源数据创建透视表

在 Excel 中，一个 Excel 文件称为一个工作簿文件。一个工作簿文件中可以包含多个工作表。使用 SQL 语句可以实现不同数据区域、不同工作表、不同工作簿数据的合并查询，并生成汇总后的数据透视表。下面举例说明。

（1）同一个工作簿中的不同工作表的数据汇总

现有工作簿文件“各班成绩表.xlsx”，其中包含了三个班级的语文、数学、英语成绩，分别放在三个不同的工作表里。如图 9.20 所示。

一班

	A
1	学号
2	201901001
3	201901002
4	201901003
5	201901004
6	201901005
7	201901006
8	201901007
9	201901008
10	201901009
11	201901010
12	201901011
13	201901012
14	201901013
15	201901014

二班

	A
1	学号
2	201902001
3	201902002
4	201902003
5	201902004
6	201902005
7	201902006
8	201902007
9	201902008
10	201902009
11	201902010
12	201902011
13	201902012
14	201902013
15	201902014

三班

	A	B	C	D
1	学号	语文	数学	英语
2	201903001	98	89	89
3	201903002	76	69	69
4	201903003	87	68	68
5	201903004	89	89	89
6	201903005	79	84	84
7	201903006	89	73	73
8	201903007	69	89	89
9	201903008	68	89	98
10	201903009	89	69	76
11	201903010	84	68	87
12	201903011	73	89	89
13	201903012	89	84	79
14	201903013	57	73	85
15	201903014	96	89	67

图 9.20　各班成绩表

现在要将三个表的数据合并起来生成一个数据透视表，并按照班级输出每科的平均分，步骤如下。

步骤 1： 在“各班成绩表.xlsx”工作簿中增加一个新的工作表“汇总”，并选中 A5 单元格。

步骤 2： 点击“数据”菜单，在“获取和转换数据”组中选择“现有连接”按钮，在打开的“现有连接”窗口中点击“浏览更多...”按钮，在弹出的“选取数据源”窗口中选取“各班成绩表.xlsx”所在的目录，并选择此文件，然后点击“打开”按钮。在弹出的“选择表格”窗口中保持默认选项，点击“确定”按钮。

步骤 3： 在弹出的“导入数据”窗口中，“请选择该数据在工作簿中的显示方式”选择“数据透视表”，并点击“属性”按钮，在“连接属性”窗口中选择“定义”选项卡。清空“命令文本”框，键入如下 SQL 语句后点击“确定”按钮。

```
SELECT "一班" AS 班级,* FROM [一班$]
UNION ALL
SELECT "二班" AS 班级,* FROM [二班$]
UNION ALL
SELECT "三班" AS 班级,* FROM [三班$]
```

步骤 4： 点击“确定”后，弹出数据透视表编辑区域。在“数据透视表字段”窗格中，按照图 9.21 所示，设置数据透视表的行、列、值等标签框选项。

图 9.21　各班成绩表透视表设置

设置好后，在生成的透视表中，已经将三个班的成绩分别进行了汇总，并可以按照不同班级、不同科目查看汇总结果。

在第 8 章中，已经讲述了 UNION ALL 的用法，它可以将具有相同数据结构的表进行合并，把多个表合并为一个表。这些表要求在列名、列的数量、对应列的数据类型上都具有一致性，否则无法实现数据合并。此例中，因为要把"班级"作为"行"字段来分类统计，所以要给每个表增加一个"班级"列，来区分不同班级的数据。SQL 语句中的""一班" AS 班级"即实现了这一功能。

（2）同一个工作表中的不同区域的数据汇总

现有工作簿文件"家电销售表.xlsx"，如图 9.22 所示。工作簿中有一工作表"家电销售表"，其中包含了四个地区在 1～3 月份三种商品的销售数量。现在要求按照"地区""月份"作为"行标签"，"商品"作为"列标签"进行汇总，生成数据透视表，步骤如下。

	A	B	C	D	E	F	G	H
1	上海				北京			
2	月份	商品	销售数量		月份	商品	销售数量	
3	1月	洗衣机	345		1月	洗衣机	345	
4	1月	冰箱	374		1月	冰箱	374	
5	1月	电视	532		1月	电视	532	
6	2月	洗衣机	746		2月	洗衣机	468	
7	2月	冰箱	357		2月	冰箱	975	
8	2月	电视	876		2月	电视	563	
9	3月	洗衣机	535		3月	洗衣机	286	
10	3月	冰箱	347		3月	冰箱	479	
11	3月	电视	865		3月	电视	752	
12								
13	深圳				广州			
14	月份	商品	销售数量		月份	商品	销售数量	
15	1月	洗衣机	587		1月	洗衣机	759	
16	1月	冰箱	775		1月	冰箱	537	
17	1月	电视	536		1月	电视	864	
18	2月	洗衣机	564		2月	洗衣机	452	
19	2月	冰箱	846		2月	冰箱	578	
20	2月	电视	463		2月	电视	351	
21	3月	洗衣机	467		3月	洗衣机	357	
22	3月	冰箱	586		3月	冰箱	835	
23	3月	电视	357		3月	电视	632	

家电销售表

图 9.22　家电销售表

步骤 1： 在"家电销售表.xlsx"工作簿中增加一个新的工作表"汇总"，并选中 A1 单元格。

步骤 2： 点击"数据"菜单，在"获取和转换数据"组中选择"现有连接"

按钮，在打开的“现有连接”窗口中点击“浏览更多…”按钮，在弹出的“选取数据源”窗口中选取“家电销售表.xlsx”所在的目录，并选择此文件，然后点击“打开”按钮。在弹出的“选择表格”窗口中保持默认选项，点击“确定”按钮。

步骤 3： 在弹出的“导入数据”窗口中，“请选择该数据在工作簿中的显示方式”选择“数据透视表”，并点击“属性”按钮，在“连接属性”窗口中选择“定义”选项卡。清空“命令文本”框，键入如下 SQL 语句后点击“确定”按钮。

```
SELECT "上海" AS 地区,* FROM [家电销售表$A2:C11]
UNION ALL
SELECT "北京" AS 地区,* FROM [家电销售表$E2:G11]
UNION ALL
SELECT "深圳" AS 地区,* FROM [家电销售表$A14:C23]
UNION ALL
SELECT "广州" AS 地区,* FROM [家电销售表$E14:G23]
```

步骤 4： 此时弹出数据透视表编辑区域。分别在“数据透视表字段”窗格中拖动字段，将“商品”拖动到“列”标签框，将“地区”和“月份”拖动到“行”标签框，将“销售数量”拖动到“值”标签框，如图 9.23 所示。

求和项:销售数量	列标签			
行标签	冰箱	电视	洗衣机	总计
⊟北京	**1828**	**1847**	**1099**	**4774**
1月	374	532	345	1251
2月	975	563	468	2006
3月	479	752	286	1517
⊟广州	**1950**	**1847**	**1568**	**5365**
1月	537	864	759	2160
2月	578	351	452	1381
3月	835	632	357	1824
⊟上海	**1078**	**2273**	**1626**	**4977**
1月	374	532	345	1251
2月	357	876	746	1979
3月	347	865	535	1747
⊟深圳	**2207**	**1356**	**1618**	**5181**
1月	775	536	587	1898
2月	846	463	564	1873
3月	586	357	467	1410
总计	**7063**	**7323**	**5911**	**20297**

图 9.23　家电销售表透视表设置

在生成的数据透视表中，四个区域中的数据全部汇总起来生成了数据透视表，并分别进行了分类汇总。在对一个表中不同区域的数据进行引用时，需要使用如下格式：

```
[工作表$表所在区域]
```

表所在的区域按照 Excel 引用单元格的方式给出，即“左上角单元格的列号行号：右下角单元格的列号行号”。

（3）不同工作簿中的不同工作表的数据汇总

现有两个工作簿文件“西厂区库存表.xlsx”和“东厂区库存表.xlsx”，保存在“D:\第 9 章”的目录下。其中，“西厂区库存表.xlsx”中包含“一号仓库”和“二号仓库”两个仓库的库存数据（图 9.24），“东厂区库存表.xlsx”中包含“三号仓库”和“四号仓库”两个仓库的库存数据（图 9.25）。现在要将两个文件中的四个仓库数据汇总起来，并用数据透视表的形式分类汇总，具体步骤如下。

步骤 1：新建一个工作簿文件，命名为“库存汇总.xlsx”，并将文件中的工作表重命名为“汇总”，并选中此表的 A1 单元格。

步骤 2：点击“数据”菜单，在“获取和转换数据”组中选择“现有连接”按钮，在打开的“现有连接”窗口中点击“浏览更多...”按钮，在弹出的“选取数据源”窗口中选择路径“D:\第 9 章”，此时“西厂区库存表.xlsx”“东厂区库存表.xlsx”都出现在“选择数据源”窗口中。可以任意选择一个文件，然后点击“打开”按钮。在弹出的“选择表格”窗口中保持默认选项，点击“确定”按钮。

一号仓库：

	A	B
1	产品型号	剩余库存
2	DK001	2300
3	DK012	5600
4	DK023	3500
5	DK045	4520
6	DS012	6430
7	DS016	4600
8	DS043	3600
9	DS023	6420
10	DS033	4620
11	DT021	7500
12	DT031	3470
13	DT034	6300

二号仓库：

	A	B	C
1	产品型号	剩余库存	
2	DK001	560	
3	DK012	7500	
4	DK023	530	
5	DK045	5700	
6	DS012	6400	
7	DS016	4600	
8	DS043	730	
9	DS023	450	
10	DS033	2350	
11	DT021	6400	
12	DT031	4600	
13	DT034	230	

图 9.24 “西厂区库存表”中的两个工作表

	产品型号	剩余库存
2	DK001	640
3	DK012	5470
4	DK023	4700
5	DK045	2340
6	DS012	3640
7	DS016	5700
8	DS043	4630
9	DS023	3640
10	DS033	2350
11	DT021	7320
12	DT031	6400
13	DT034	2350

三号仓库

	产品型号	剩余库存
2	DK001	6400
3	DK012	6200
4	DK023	4500
5	DK045	5200
6	DS012	7500
7	DS016	3500
8	DS043	450
9	DS023	6300
10	DS033	230
11	DT021	470
12	DT031	5630
13	DT034	2350

四号仓库

图 9.25 “东厂区库存表”中的两个工作表

步骤 3：在弹出的“导入数据”窗口中，“请选择该数据在工作簿中的显示方式”选择“数据透视表”，并点击“属性”按钮，在“连接属性”窗口中选择“定义”选项卡。清空“命令文本”框，键入如下 SQL 语句后点击“确定”按钮。

```
SELECT "西厂区" AS 厂区,"一号仓库" AS 仓库,* FROM [D:\第 9 章\西厂区库存表.xlsx].[一号仓库$]
UNION ALL
SELECT "西厂区" AS 厂区,"二号仓库" AS 仓库,* FROM [D:\第 9 章\西厂区库存表.xlsx].[二号仓库$]
UNION ALL
SELECT "东厂区" AS 厂区,"三号仓库" AS 仓库,* FROM [D:\第 9 章\东厂区库存表.xlsx].[三号仓库$]
UNION ALL
SELECT "东厂区" AS 厂区,"四号仓库" AS 仓库,* FROM [D:\第 9 章\东厂区库存表.xlsx].[四号仓库$]
```

步骤 4：此时弹出数据透视表编辑区域。分别在“数据透视表字段”窗格中拖动字段，将“产品型号”拖动到“列”标签框，将“厂区”和“仓库”拖动到“行”标签库，将“剩余库存”拖动到“值”标签框。如图 9.26 所示。

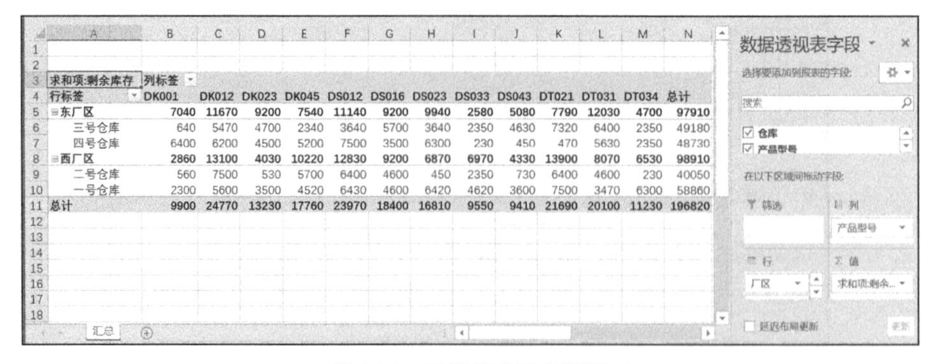

求和项:剩余库存	列标签												
行标签	DK001	DK012	DK023	DK045	DS012	DS016	DS023	DS033	DS043	DT021	DT031	DT034	总计
东厂区	7040	11670	9200	7540	11140	9200	9940	2580	5080	7790	12030	4700	97910
三号仓库	640	5470	4700	2340	3640	5700	3640	2350	4630	7320	6400	2350	49180
四号仓库	6400	6200	4500	5200	7500	3500	6300	230	450	470	5630	2350	48730
西厂区	2860	13100	4030	10220	12830	9200	6870	6970	4330	13900	8070	6530	98910
二号仓库	560	7500	530	5700	6400	4600	450	2350	730	6400	4600	230	40050
一号仓库	2300	5600	3500	4520	6430	4600	6420	4620	3600	7500	3470	6300	58860
总计	9900	24770	13230	17760	23970	18400	16810	9550	9410	21690	20100	11230	196820

图 9.26 库存表透视表设置

对于每一个库存数据，都有“厂区”和“仓库”两个指向信息，因此要在合并数据时，增加这两个数据项。SQL 语句“'西厂区' AS 厂区,'一号仓库' AS 仓库”的作用，即在合并数据的同时增加这两个指向信息。

在引用不同的工作簿和工作表时，要指定工作簿所在的绝对路径，即表在存储介质上的物理位置，以及工作表所在的工作簿，语法如下：

```
[表的物理位置].[工作表$]
```

其中，“表的物理位置”和“工作表$”之间要有英文点号连接起来，同时用半角方括号括起来。方括号也可以用半角的重音符号（`）来代替。以下的 SQL 语句具有同等的执行效果。

```
SELECT "西厂区" AS 厂区,"一号仓库" AS 仓库,*  FROM `D:\第 9 章\西厂区库存表.xlsx`.`一号仓库$`
UNION ALL
SELECT "西厂区" AS 厂区,"二号仓库" AS 仓库,*  FROM `D:\第 9 章\西厂区库存表.xlsx`.`二号仓库$`
UNION ALL
SELECT "东厂区" AS 厂区,"三号仓库" AS 仓库,*  FROM `D:\第 9 章\东厂区库存表.xlsx`.`三号仓库$`
UNION ALL
SELECT "东厂区" AS 厂区,"四号仓库" AS 仓库,*  FROM `D:\第 9 章\东厂区库存表.xlsx`.`四号仓库$`
```

小结

数据透视表本身就具有强大的数据汇总功能，如果通过 SQL 语句来生成数据透视表，还能实现数据的随时更新，更加方便高效。同时，使用 SQL 还可以将来自不同数据区域、不同工作表、不同工作簿的数据进行合并分析，大大提高了数据分析汇总的效率。

参考文献

[1] 林盘生，李懿，陈树青，等. Excel 2010 SQL 完全应用[M]. 北京：电子工业出版社，2011.

[2] 张明真. Excel 2019 公式、函数应用大全[M]. 北京：机械工业出版社，2019.

[3] 风云工作室. Excel 财务与会计办公实战从入门到精通[M]. 北京：化学工业出版社，2019.

[4] 李俊山，叶霞，罗蓉，等. 数据库原理及应用：SQL Server[M]. 北京：清华大学出版社，2017.

[5] 王珊，萨师煊. 数据库系统概论[M]. 5 版. 北京：电子工业出版社，2014.

[6] 韩小良. Excel VBA+SQL 数据管理与应用模板开发[M]. 北京：中国水利水电出版社，2018.

[7] 盖玲，李捷. Excel 2010 数据处理与分析立体化教程[M]. 北京：人民邮电出版社，2015.